RÉSUMÉ MÉTHODIQUE

DES

CLASSIFICATIONS

DES THALASSIOPHYTES.

PAR BENJ. GAILLON,

MEMBRE DE PLUSIEURS SOCIÉTÉS SAVANTES.

(Article extrait du 53.e volume du *Dictionnaire des sciences naturelles.*)

STRASBOURG,

DE L'IMPRIMERIE DE F. G. LEVRAULT.

1828.

RÉSUMÉ MÉTHODIQUE

DES

CLASSIFICATIONS

DES THALASSIOPHYTES.

Sous le nom de Thalassiophytes, dérivé des mots grecs Θαλασσιος, *marin*, et φυ]ὸν, *plante*, feu le professeur Lamouroux a désigné les productions végétales qui se développent dans les profondeurs des eaux de la mer et à la surface des rochers qui en bordent le littoral. Ces productions ont été long-temps vaguement connues sous les noms de *Varecs*, *Goësmon*, *Fucus*, *Algues* et *Hydralgues*. Un grand nombre de ces cryptogames réfléchissent sur tous les points de leur surface la couleur purpurine presque aussi brillamment que les pétales des phanérogames; le vert le plus tendre signale parmi ces êtres l'organisation la plus simple, et, se combinant à la couleur pourprée, se modifie, dans plusieurs espèces, en couleur olivâtre ou violette. Si les végétaux terrestres, les *Aérophytes*, captivent les sens les plus grossiers par leurs belles corolles, leurs nombreuses étamines, leurs précieux pistils, les végétaux marins, les *Thalassiophytes*, offrent dans leur texture des détails curieux, des nuances délicates, des beautés qui échappent à l'œil nu de l'observateur superficiel, et que découvre avec une vive satisfaction l'observateur attentif armé du verre scrutateur. Les Thalassiophytes font partie des *Hydrophytes*. La dénomination d'*Hydrophytes* est souvent substituée à celle de *Thalassiophytes*, en ce sens seulement, qu'étant plus générale, on regarde alors les productions végétales cryptogames auxquelles on l'applique comme

croissant dans les eaux, sans distinction de la nature douce ou salée de ce fluide. Mais du moment que l'on considère plus particulièrement la nature du milieu fluide dans lequel s'est développé le végétal, à l'organisation duquel il apporte des modifications déterminées et différentes, on sent la nécessité de partager les hydrophytes en deux sections : celles croissant dans les eaux douces, soit fleuves, ruisseaux, fontaines, etc., que l'on peut nommer les *Naïophytes ;* et celles des mers ou eaux salées, que nous continuerons d'appeler les *Thalassiophytes.* Elles présentent deux sortes d'organisation générale : dans les unes le tissu cellulaire est intérieurement et extérieurement continu, et non transversalement diaphragmé ; ce sont celles que nous appelons Thalassiophytes *Symphysistées ;* dans les autres, improprement appelées *Articulées,* la structure, généralement filamenteuse, présente de distance en distance, dans la partie intérieure, des cloisons ou des renforcemens cellulaires transversaux qui donnent aux filamens dans leur continuité une apparence d'interruption transversale : ce sont celles que nous désignons sous la qualification de Thalassiophytes *Diaphysistées.*

Linné partagea les quatre-vingts espèces d'*algues* aquatiques parvenues à sa connoissance, en trois genres, *Fucus, Ulva* et *Conferva.* Ce sont trois vastes cases où l'on s'est contenté de répartir les espèces d'hydrophytes recueillies, tant que leur nombre a été restreint ou que leur organisation n'a pas été particulièrement étudiée. Gmelin, que l'on doit avec justice regarder comme le fondateur de la botanique marine, est le premier qui parla avec clarté et méthode de la physiologie des plantes marines ; son *Historia fucorum,* publiée en 1768, contient la critique des écrits embrouillés des anciens sur les *Fucus,* l'analyse des observations laborieuses de ses prédécesseurs, tels que Morison, Bauhin, Ray et Dillenius, et la réfutation discutée de la théorie de Réaumur sur les prétendues étamines de ces plantes. Neuf divisions ou ordres furent proposés par Gmelin pour classer les cent neuf espèces de *fucus* qu'il décrit dans son ouvrage. Depuis cette époque jusqu'en 1809 divers botanistes figurèrent ou décrirent les plantes marines avec un talent remarquable ; de ce nombre nous citerons : Hudson, Lightfoot, Goodenough et Woodward, Esper, Roth, Wulfen, Velley, Dawson Turner, Stackhouse, Dillwyn, Sowerby, Hooker, Borrer, Hoffman-Bang, Horneman, Mertens, Bertoloni, Clemente, Cabrera, Draparnaud, Grateloup et De Candolle. Roth augmenta le nombre des genres; Dillwyn subdivisa les *Conferves* en plusieurs sections; De Candolle sépara, sous le nom de *Ceramium*, les conferves marines des conferves d'eau douce; tous concourent d'une manière très-marquante à l'avancement de la science : mais aucun de ces laborieux naturalistes ne présenta d'une manière méthodique et naturelle la classification des nombreuses espèces découvertes, décrites et figurées. Lamouroux, que la mort enleva aux sciences en 1825, ayant consacré plusieurs années à l'observation microscopique et physiologique des plantes marines, publia, en 1813, sur l'organisation des *Thalassiophytes non articulées*, un mémoire qui devint pour cette tribu la base d'une classification que s'empressèrent d'adopter tous les botanistes qui avoient médité sur cette branche de l'histoire naturelle. Depuis lui, en Danemarck, le consciencieux Lyngbye; en Suède, les professeurs Agardh et Fries; en France, MM. Bory de Saint-Vincent et Bonnemaison, publièrent dans les années 1819, 1822, 1823, 1824 et 1825, diverses nouvelles classifications, où furent comprises, sous les titres d'*Algues* et d'*Hydrophytes*, les productions marines et fluviatiles, tant à tissu continu qu'à tissu transversalement obstrué. Nous donnerons un aperçu de leurs méthodes dans le cours de cet article, en traitant des hydrophytes en général.

D'aprés la méthode de Lamouroux quatre grandes divisions, distinctes aux yeux les moins exercés, se partagent les plantes marines que nous avons désignées sous le nom de Thalassiophytes *Symphysistées*, c'est-à-dire celles dont le tissu cellulaire est intérieurement continu et non transversalement diaphragmé.

La première division ou l'ordre premier renferme, sous le nom de Fucacées, les plantes marines d'organisation ligneuse, de couleur olivâtre, noircissant promptement à l'air, se déchirant longitudinalement avec beaucoup de facilité, et offrant dans leur déchirure à l'œil nu l'aspect d'une organisation fibreuse bien caractérisée, ayant la fructification dans des renflemens généralement situés et étendus à l'extrémité de la fronde, quelquefois dans d'autres points de sa surface. Tels sont les *Fucus natans*, *bacciferus*, *vesiculosus*, *serratus*, *siliquosus*, *barbatus*, *fibrosus*, *nodosus*, *loreus*, *saccharinus*, *digitatus*, *ligulatus*, *aculeatus* et *lumbricalis* des auteurs, dont on peut connoître l'aspect par les planches 46, 47, 88, 90, 159, 250, 209, 91, 196, 163, 162, 98, 187, 6, de l'*Historia fucorum* de Dawson Turner, et par celles citées dans l'exposé générique qui suit.

Le second ordre, Floridées, comprend toutes les espèces dont le tissu est d'une organisation cellulaire analogue à celui des corolles des phanérogames, formé de cellules très-petites et égales, réfléchissant les couleurs pourpre, brune ou rougeâtre dont l'intensité diminue par l'action des fluides atmosphériques. Cette organisation est moins compliquée que celle des Fucacées; la fructification est circonscrite dans des tuméfactions sphériques ou hémisphériques, sessiles ou pédonculées, situées sur la fronde ou sur ses rameaux : elle se présente souvent sous deux aspects : nous entrerons dans le cours de cet article dans quelques considérations à ce sujet. Une partie des espèces appartenant à cette famille sont celles que les auteurs appeloient : *Fucus sanguineus*, *alatus*, *hypoglossum*, *rubens*, *laceratus*, *palmetta*, *membranifolius*, *palmatus*, *ciliatus*, *crispus*, *corneus*, *pusillus*, *coronopifolius*, *pinnatifidus*, *ovalis*, *dasyphyllus*, *confervoides*, *rotundus*, *kaliformis*, *articulatus* et *coccineus*, dont on peut voir les figures fort exactes aux planches 36, 160, 14, 42, 68, 73, 74, 115, 70, 216, 217, 257, 108, 122, 20, 81, 22, 84, 5, 29, 106 de l'ouvrage de Dawson Turner ci-dessus cité, et dans celles indiquées ci-après à l'exposition des genres.

Le troisième ordre, Dictyotées, réunit les espèces d'aspect foliacé, à organisation réticulée, dont les cellules, souvent irrégulières, présentent presque toujours une forme hexagone ou carrée, facile à observer avec le secours de la loupe et souvent à l'œil nu, de couleur vert jaunâtre, ne noircissant jamais à l'air, ayant la fructification en apparence graniforme, éparse sur la fronde et souvent disposée sérialement; tels sont les espèces que l'on appeloit : *Fucus membranaceus*, *squammarius*, *fasciola*; *Ulva dichotoma*, *atomaria* et *pavonia*, dont les planches 87, 244 de Turner; 7 de Roth (*Catalecta*, 1.er); et 774, 419, 1276 de Sowerby (*English Botany*) offrent de bonnes figures.

Le quatrième ordre, Ulvacées, présente des espèces d'une organisation herbacée, d'un aspect papiracé, de couleur verte, jaunissant ou blanchissant à l'air, quelques-unes violettes et à surface vernissée, toutes ayant la fructification nichée çà et là dans le tissu cellulaire. A cet ordre appartiennent les *Ulva lactuca, umbilicalis* et *compressa*, figurées aux planches 1551, 2286, 1739, de Sowerby (*English Botany*).

Les Thalassiophytes comprises sous ces quatre ordres ou familles ont été groupées en divers genres par Lamouroux, Agardh et Lyngbye. Nous allons exposer la nomenclature des genres que nous adoptons pour chaque ordre, et que nous considérons comme les plus naturellement circonscrits et les mieux déterminés. Nous indiquerons les principales espèces qui les constituent, avec renvois aux figures et aux fascicules qui les représentent, afin d'offrir aux personnes qui n'ont pas de collection, et à celles qui veulent disposer la leur méthodiquement, les moyens de reconnoître les individus qui composent chaque genre.

1.er *Ordre.* FUCACÉES.

I.er Genre, Sargassum, Lamouroux et N.

Tiges rameuses, cylindriques ou comprimées; feuilles distinctes, sessiles ou pétiolées, à nervures médianes; vésicules aérifères stipitées; conceptacles granuleux, en grappes axillaires.

Diffère de celui d'Agardh par l'exclusion des sections 4 et 7 de ce dernier. (Voyez le Dictionnaire des sciences naturelles, tom. XLVII, page 370.)

Les espèces qui le composent appartenoient à la 1.re et 2.e section de l'ancien genre *Fucus*, Lamouroux.

La réunion sous le nom de *Fucus* des genres *Sargassum*, *Cystoseira*, *Halydris* et *Himanthalia*, proposée par Fries (*Systema orbis vegetabilis*, 1825, page 326), est inadmissible pour celui qui veut étudier sur le frais le *facies* et la *physiologie* des espèces qui les composent. Cette réunion feroit rétrograder la nomenclature et la remettroit sans utilité au même point, dont l'observation vient de la faire sortir.

Espèces. *Natans*, Turn., Hist., pl. 46; — *Bacciferum*, Turn., Hist., pl. 47; Desmazières, Cryptogames du nord de la France, n.° 157; — *Salicifolium*, Lamour., Thal., pl. 1, fig. 2; — *Dentifolium*, Turn., Hist., pl. 93; — *Ilicifolium*, Turn., Hist., pl. 51; — *Desfontainesii*, Turn., Hist., pl. 190; — *Verruculosum*, Mert., Mém., pl. 15; — *Turbinatum*, Esper, Icon. fuc., pl. 9; Turn., pl. 24; — *Paradoxum*, Turn., Hist., pl. 156; — *Linifolium*, Turn., Hist., pl. 168; *Parvifolium*, Turn., Hist., pl. 211; — *Angustifolium*, Turn., Hist., pl. 212; *Peronii*, Turn., Hist., pl. 247.

II.e Genre. Halidrys, Lyngb. et N.

Tiges rameuses et comprimées; feuilles distinctes, sessiles ou pétiolées, sans nervures; vésicules alongées ou siliqueuses, innées dans la tige ou les rameaux; conceptacles granuleux, non rameux, comprimés, terminaux ou latéraux.

Les espèces composant l'*Halidrys*, avoient été réparties par Agardh dans les genres *Fucus*, *Sargassum* et *Macrocystis;* elles avoient été indiquées par Lamouroux comme devant former les genres *Nodularia* et *Siliquosa*. (Voyez le Dict. des scienc. nat., tom. XX, page 221.)

Espèces. *Nodosa*, Lyngb., Hydroph., pl. 8 *B*; Turn., pl. 91; — *Comosa*, N., Labill., Nouv. Holl., 2, pl. 258; — *Sysimbrioides*, N.; Turn., Hist., pl. 129; — *Siliquosa*, Lyngb., Hydroph., pl. 8 *C*; Turn., pl. 159; Chauvin, Algues de la Normandie, n.° 75; Desmaz., Crypt., n.° 12; Pl. du Dict. des scienc. nat.; — *Horneri*, Turn., Hist., pl. 17.

III.e G. Cystoseira, Lamour. et N.

Frondes rameuses, cylindriques, à folioles sessiles, filiformes ou linéaires; vésicules innées dans les rameaux ou les folioles; conceptacles terminaux, arrondis, granuleux, atténués aux extrémités, mucronés ou denticulés.

Les espèces de ce genre appartenoient à la 5.e section de l'ancien genre *Fucus*, Lamouroux.

Diffère de celui d'Agardh seulement par l'exclusion des espèces: *Banksii*, *Triquetra*, *Quercifolia*, *Osmundacea*, *Zosteroides*, *Siliquosa*, *Paradoxa*, *Axillaris*, *Swartzii*, *Platylobium*, *Siliquastrum*, *Torulosa*, *Decipiens* et *Dorycarpus*. Les espèces *C. axillaris* et *dorycarpus*, peuvent être placées dans le genre *Stackhousia*, proposé par Lamouroux. (Voyez le Dict. des scienc. nat., tome L, pag. 380.)

Le caractère des filamens, mêlés avec les élytres de la fructification, donné par Agardh comme distinguant le genre *Cystoseira* du genre *Sargassum*, n'est point particulier aux espèces du *Cystoseira;* il se retrouve dans un grand nombre de celles des autres genres, et manque dans quelques espèces de celui-ci : ce caractère dépend souvent du plus ou moins de maturité de la fructification.

Espèces. *Ericoides,* Turn., Hist., pl. 191; — *Sedoides,* Desf., Fl. atl., pl. 260; — *Myrica,* Gmel., Fuc., pl. 3, fig. 1; Turn., pl. 192; — *Mucronata,* Turn., Hist., pl. 128; Chauvin, Algues, n.° 25; — *Barbata,* Turn., Hist., pl. 250; — *Abrotanifolia,* Stackh., Ner. brit., pl. 14; Engl. bot., pl. 2130; — *Hopii,* Agardh, Icon., inédit., pl. 2; — *Nodularia,* Mert., Mém., pl. 15; — *Discors,* Sow., Engl. bot., pl. 2131; — *Fibrosa,* Turn., Hist., pl. 209; Chauvin, Algues, n.° 50; — *Paniculata,* Turn., Hist., pl. 176.

IVe Genre. Fucus, Lamour., Lyngb. et N.

Frondes planes, aphylles, rameuses, souvent munies d'une nervure médiane, pourvues ou dépourvues de vésicules; conceptacles formés par le sommet de la fronde tuméfiée.

Les espèces de ce genre appartiennent à la 5.e section de l'ancien genre *Fucus*, Lamouroux.

Notre genre *Fucus* diffère de celui d'Agardh par l'exclusion des *Fucus nodosus* et *loreus*, placés dans les genres *Halidrys* et *Himanthalia*.

Espèces. *Vesiculosus,* Lyngb., Hydroph., pl. 1 *A;* Turn., pl. 88; Desmaz., Crypt., n.° 158; — *Ceranoides,* Turn., Hist., pl. 89; Desmaz., Crypt., n.° 13; — *Evaniscens,* Agardh, Icon., inéd., pl. 13; — *Distichus,* Turn., pl. 7; Lyngb., pl. 1 *B;* — *Serratus,* Lyngb., pl. 1 *B;* Turn., pl. 90; Pl. du Dict.; Desmaz., Crypt., n.° 159; — *Canaliculatus,* Turn., pl. 3; Gmel., Fuc., pl. 1 *A,* fig. 2; Desmaz., Crypt., n.° 14; *Tuberculatus,* Turn., pl. 7; Stackh., pl. 9.

V.e G. Himanthalia, Lyngb.

Synonyme du *Loricaria*, Lamour.; antériorité de date sur ce dernier. Espèce du *Fucus*, Agardh. (Voyez le Dictionn. des scienc. nat., tom. XXI, pag. 161.)

Espèce. *Lorea,* Turn., Hist., pl. 196; Stackh., pl. 10; Chauvin, Algues, n.° 74; Desmaz., Crypt., n.° 160.

VIe Genre. LAMINARIA, Lamour. et Bory de S. Vincent.

Il diffère de celui d'Agardh et de Lyngbye, en ce que les espèces qui ont des côtes ou nervures médianes, en ont été séparées pour former le genre *Agarum*. (Voyez ci-après aux Floridées le genre *Halymenia*.)

ESPÈCES. *Digitata*, Turn., Hist., pl. 162; Stackh., Ner., pl. 3; — *Saccharina*, Turn., Hist., pl. 163; Gmel., Hist., pl. 27 et 28; — *Phyllitis*, Turn., Hist., pl. 164; Sow., Engl. bot., pl. 1331; — *Bulbosa*, Turn., Hist., pl. 161; Sow., Engl. bot., pl. 1760; — *Reniformis*, Lamour., Thal., pl. 1 et 3; — *Potatorum*, Turn., Hist., pl. 242; Labill., Nouv. Holl., pl. 257; — *Buccinalis*, Turn., Hist., pl. 139.

MACROCYSTIS, Agardh.

Ce genre est superflu : nous ne le citons que pour mémoire (voyez le Dict. des scienc. nat., tom. XXVII, p. 530); les espèces en sont réparties dans le *Sargassum*, l'*Halidrys* et le *Laminaria*.

VIIe G. AGARUM, Bory de Saint-Vincent.

Démembrement du genre *Laminaria*, Lamouroux, Agardh et Lyngbye; réunion des espèces à nervures ou côtes longitudinales. (Voyez ci-après le genre *Halymenia*.)

ESPÈCES. *Costatum*, N.; Turn., Hist., pl. 226; — *Cribrum*, N.; Turn., Hist., pl. 75; Gmel., Hist., pl. 32; Flor. Dan., pl. 1542; — *Esculentum*, Bor.; Turn., Hist., pl. 17; Lightf., Fl. scot., pl. 88; Stackh., pl. 20.

VIIIe G. DURVILLÆA, Bory de Saint-Vincent.

Ce genre, que Bory caractérise ainsi : expansions coriaces, se divisant en lanières subulées, tubuleuses, ayant un épiderme distinct, lisse, se recouvrant avec l'âge d'un réseau noirâtre, analogue à l'aspect de l'hydrodyction, est dédié à un officier de marine, très-dévoué à la science et qui lui a rendu de très-utiles services dans ses voyages de découvertes. Il est formé du *Laminaria porra*, Léman. Le nom spécifique, rappelant celui de *porro*, que les marins espagnols lui donnent dans la mer du Sud, doit être conservé. (Voyez le Dictionn. des scienc. nat., tom. XXV, p. 189, et le genre *Halymenia* ci-après.)

ESPÈCE. *Porra*, N.; Legentil, Voyage aux Ind., 2, pl. 3.

IXe G. OSMUNDARIA, Lamour.

Ce genre a été postérieurement dénommé par Agardh *Po-*

typhaeum. (Voyez le Dict. des sc. nat., t. XXXVII, p. 11.)

ESPÈCE. *Prolifera*, Lamour., Thal., pl. 1, fig. 4, 5 et 6.

X.ᵉ Genre. DESMARESTIA, Lamour.

Ce genre a été dénommé postérieurement par Lyngbye *Desmia*; les espèces qui le composent, ont été à tort confondues par Agardh dans son genre *Sporochnus*.

Le nom de *Desmarestia* rappelle celui d'un de nos plus laborieux et savans naturalistes; il doit être scrupuleusement conservé. Les caractères de ce genre sont exposés à la page 104 du tom. XIII du Dictionnaire des sciences naturelles. Le *Sporochnus* d'Agardh est décrit à la page 339 du tome XL. (Voyez ci-après aux FLORIDÉES le genre *Sporochnus*, tel que nous l'avons restreint.)

ESPÈCES. *Aculeata*, Turn., pl. 187; Stackh., pl. 8; Chauvin, Algues, n.° 46; Fl. Dan., pl. 355; Pl. du Dict.; — *Ligulata*, Turn., pl. 98; Lyngb., pl. 7; Lightf., pl. 29; — *Viridis*, Turn., pl. 97; Stackh., Ner., pl. 17; — *Herbacea*, Turn., pl. 99; — *Dudresnayi*, Pl. du Dict. des scienc. nat. (acotyléd. algues).

XI.ᵉ G. FURCELLARIA, Lamour., Agardh et N.

Diffère de celui de Lyngbye par l'exclusion du *Furcellaria rotunda*.

ESPÈCE. *Lumbricalis*, Turn., Hist., pl. 6; Gmel., Hist., pl. 6, fig. 2; Stackh., pl. 6.

CHORDA, Lamour.

Nous faisons ici mention de ce genre seulement pour indiquer que, d'après son organisation, nous avons dû le reporter dans la section des Thalassiophytes *Diaphysistées* dont nous traiterons ci-après.

2.ᵉ ORDRE. FLORIDÉES.

XII.ᵉ Genre. CLAUDEA, Lamour.

Dédié par feu le professeur Lamouroux à son père Claude Lamouroux; ce genre a été depuis, on ne sait pourquoi, appelé par Agardh d'abord *Lamourouxia* et ensuite *Oneillia*. (Voyez le Dict. des scienc. nat., tom. IX, pag. 361.)

ESPÈCE. *Elegans*, Lamour., Thal., pl. 2, fig. 2 à 4; Turn., Hist., pl. 242.

XIII.ᵉ G. DELESSERIA, Lamour., Lyngb. et N.

Démembrement de l'ancien genre *Delesseria*, Lamour. Espèces à nervures longitudinales continues jusqu'à l'extrémité de la fronde. Ce genre diffère du *Delesseria* d'Agardh par l'exclusion des espèces *plocamium*, *glandulosa*, et par celle des 2.e, 3.e, 4.e et 5.e sections que ce dernier renferme.

ESPÈCES. *Sanguinea*, Lyngb., Hydroph., pl. 2 *A*; Turn., pl. 36; Pl. du Dict.; — *Sinuosa*, Lyngb., Hydroph., pl. 2 *B*; Turn., pl. 35; — *Ruscifolia*, Woodw., Trans. linn., 6, pl. 8, fig. 1; Turn., pl. 15; — *Alata*, Lyngb., pl. 2 *C*; Turn., pl. 160; Chauvin, Algues, n.° 44; — *Hypoglossum*, Trans. linn., 2, pl. 7; Turn., pl. 14; Chauvin, Algues, n.° 21 et 43; — *Conferta*, Turn., Hist., pl. 184.

XIV.e Genre. ODONTHALIA, Lyngb., Lamour. et N.

Espèces appartenant à l'ancien genre *Delesseria*, Lamour., et réparties dans le *Tamnophora* et le *Rhodomela*, Agardh. (Voyez le Dict. des scienc. nat., tom. XXV, pag. 354.)

ESPÈCES. *Dentata*, Lyngb., pl. 3; Turn., pl. 13; — *Cirrhosa*, Turn., pl. 63.

XV.e G. DELISEA, Lamour.

Espèces appartenant à l'ancien genre *Delesseria*, Lamour. (Voyez le Dict. des scienc. nat., tom. XIII, pag. 41, et ci-après le genre *Bonnemaisonia*.)

ESPÈCES. *Fimbriata*, Lamour., Thal., pl. 3, fig. 1; Turn., Hist., pl. 70; Pl. du Dict. des sc. nat.; — *Elegans*, non figuré; — *Gallica*, non figuré.

XVI.e G. DAWSONIA, Lamour.

Démembrement de l'ancien genre *Delesseria*, Lamour. Espèces à nervures ou veines se fondant dans la substance de la fronde avant d'en atteindre l'extrémité. Elles forment en partie le *Chondrus* de Lyngbye, et elles sont confondues dans les espèces du *Delesseria* et du *Sphærococcus*, Agardh. Ce genre est dédié au célèbre algologue anglois Dawson Turner.

ESPÈCES. *Platycarpa*, Turn., pl. 144; Lamour., Thal., pl. 2, fig. 5 et 7 (*lobata*); — *Gmelini*, Gmel., Fuc., pl. 22, fig. 3, pl. 23; Chauvin, Algues, n.° 22; — *Pristoides*, Turn., pl. 39; — *Caulescens*, Gmel., pl. 20, fig. 2; — *Rubens*, Turn., pl. 42; Lightf., Fl. scot., pl. 30; Desmaz., Crypt., n.° 61; — *Nervosa*, Turn., pl. 43; — *Lacerata*, Turn., pl. 68; Engl. bot., pl. 1067; Chauvin, Algues, n.° 45; — *Venosa*, Turn., pl. 138.

XVII.e G. HALYMENIA, Lamour. et N.

Démembrement de l'ancien genre *Delesseria*, Lamour. Espèces sans nervures. Ce genre diffère de l'*Halymenia* d'Agardh par l'exclusion des espèces *Saccata*, *Trigona*, *Ventricosa*, *Fur-*

cellata, par celle des 3.e et 4.e sections et des n.ºs 17 à 21 et 23 de la 5.e, qui réunissoient, dans cet auteur, des plantes fistuleuses aux plantes membraneuses, et qui présentoient des fructifications différentes. Lyngbye a placé plusieurs espèces du genre *Halymenia*, Lamour., dans son *Sphærococcus* et dans son *Ulva*, et Agardh dans son *Thamnophora*. Bory de Saint-Vincent a proposé de faire des *Halymenia edulis*, *palmata*, *cordata*, un genre sous le nom d'*Iridea*, basé sur les reflets chatoyans ou irisés qu'il a remarqués sur quelques échantillons, et de placer ce nouveau genre dans les Fucacées avec le *Laminaria*, l'*Agarum* et le *Durvillæa*, dont il feroit une nouvelle famille sous le nom de *Laminariées*. Ce nouveau genre nous paroît sans utilité, basé sur un caractère insignifiant, et qui auroit l'inconvénient de fournir les moyens de rapprocher des espèces disparates. Le démembrement des *Fucacées* nous conduiroit aussi, bientôt, à former autant de familles que de genres. Ne disloquons pas ces quatre grands cadres ingénieusement conçus par Lamouroux, et que ceux qui s'occupent d'hydrophytologie adoptent et sentent le besoin de conserver. (Voyez le Dict. des scienc. nat., tom. XX, pag. 239.)

Espèces. *Ocellata*, Lamour., Dissert., pl. 32 et 33, fig. 3 et 4; Turn., pl. 71; — *Ciliaris*, Lyngb., pl. 4; Turn., pl. 69; Stackh., pl. 15; — *Bifida*, Turn., pl. 154; Engl. bot., pl. 773; Chauvin, Algues, n.° 19; — *Palmetta*, Turn., pl. 73; Engl. bot., pl. 1120; Stackh., pl. 16; Chauvin, Algues, n.° 16; Desmaz., Crypt., n.° 108; — *Membranifolia*, Lamour., Diss., pl. 20 et 21, fig. 3; Lyngb., pl. 3 *C*; Turn., pl. 74; Desmaz., Crypt., n.° 209; — *Brodiæi*, Lamx., Diss., pl. 21, fig. 1 et 2; Lyngb., pl. 3 *B*; Turn., pl. 72; — *Reniformis*, Turn., pl. 113; Engl. bot., pl. 2116; — *Sarniensis*, N., Lamour., Diss., pl. 36, fig. 1 et 2; Roth, Cat., 3, pl. 1; Turn., pl. 44; Desmaz., Crypt., n.° 111; — *Palmata*, Turn., pl. 115; Lightf., Fl. scot., pl. 27; Stackh., pl. 19; Desmaz., Crypt., n.° 210; Chauvin, Algues, n.ºs 20 et 42; — *Edulis*, Turn., pl. 114; Stackh., pl. 12; Desmaz., Crypt., n.° 109; Chauvin, Algues, n.° 68; — *Cordata*, Turn., pl. 116; — *Botryocarpa*, Turn., pl. 246; — *Ciliata*, Turn., pl. 70; Gmel., pl. 21, fig. 2 et 3; Lyngb., pl. 4; Desmaz., Crypt., n.° 110; Chauvin, Algues, n.° 17; — *Spermophora*, Turn., pl. 76; — *Corallorhiza*, Turn., Hist., pl. 96; — *Lambertii*, Turn., Hist., pl. 237.

XVIIIe Genre. Chondrus, Lamour., Lyngb. et N.

Les espèces qui le composent, ont été disséminées par

Agardh dans son *Sphærococcus* (voyez ci-après l'indication de ce genre). Du *Chondrus pygmæus* il a fait son genre *Lichina.* Lyngbye a placé cette espèce dans son genre *Gelidium.* Bory de Saint-Vincent et plusieurs auteurs se sont trompés en la regardant comme synonyme du *Gigart. pygmæa*, espèce nouvelle très-différente, figurée par Lamouroux, pl. 4, fig. 12 et 13, de son Essai sur les Thalassiophytes. (Voyez le Dict. des scienc. nat., tom. IX, pag. 62 et tom. XXVI, p. 269.)

Espèces. *Polymorphus*, Lamour., Diss., pl. 1 à 4, 6, 7, 8 (excl. fig. 19), 9 à 14, 16, 17, fig. 37; Turn., pl. 216 et 217; Desmaz., Crypt., n.° 10; — *Norwegicus*, Lamour., Diss., pl. 8, fig. 19; Turn., pl. 41; — *Pumilus*, Fl. Dan., pl. 1066; Esper, fig. 142; — *Bonnemaisonii*, Lamour., Thal., pl. 3, fig. 3, 4 et 5; — *Æruginosus*, Turn., Hist., pl. 147; — *Mamillosus*, N., Lamour., Thal., pl. 17, fig. 38, pl. 18; Lyngb., pl. 5 *C*; Turn., Hist., pl. 218; Desmaz., Crypt., n.° 11; — *Pygmæus*, Turn., Hist., pl. 204; Lightf., Fl. scot., pl. 32; Engl. bot., pl. 1332; Chauvin, Algues, n.° 72 (*Lichina.*)

XIX.e Genre. Grateloupia, Agardh.

L'espèce qui fait la base de ce genre est le *Fucus filicinus*, Turn. Elle ne pouvoit rester ni dans l'ancien genre *Delesseria*, Lamour., ni dans son nouveau genre *Halymenia.* Cette espèce, que nous avons particulièrement étudiée sur nos côtes, où elle croît, appartient par son *facies* au *Gelidium*, Lamx., et par son organisation interne au *Dumontia*, Lamx. Elle devenoit nécessairement le type d'un nouveau genre, qu'Agardh a judicieusement formé et dédié au docteur Grateloup, un de nos plus modestes et de nos plus zélés naturalistes (voyez le Dict. des scienc. nat., tom. XXXVII, page 279). N'ayant pas observé dans leur état frais les autres espèces qu'Agardh réunit à celle-ci, nous ne les indiquerons qu'avec doute. L'une d'elles, le *Grateloupia ornata*, faisoit la base d'un genre proposé par Lamouroux sous le nom d'*Erinacea.* C'est à ce genre qu'étoit rapporté le *Fucus Rissoanus*, Turn., pl. 253 (*Sphærococcus verruculosus*, Agardh). Si les deux espèces douteuses sont conservées dans le *Grateloupia*, le *Sphærococcus verruculosus*, Agardh, devra y être intercalé sous le nom de *Grat. rissoana*, sinon il réaliseroit avec la précédente le genre *Erinacea*, Lamour.

Espèces. *Filicina*, Pl. du Dict.; Turn., pl. 150; Wulf, in Jacquin,

Coll., pl. 3 et pl. 15, fig. 2; — ? *Ornata*, Turn., pl. 26 (*erinaceus*); — ? *Histrix*, non figuré; — ? *Rissoana*, Turn., pl. 253.

XXe Genre. Gelidium, Lamour.

Le *facies*, l'organisation et la fructification font de ce genre un groupe très-naturel. Agardh en a amalgamé les espèces avec celles de son *Sphærococcus*; assemblage d'individus bien disparate (voyez ci-après l'indication de ce genre). Lyngbye a mentionné, sans les classer, une partie des espèces ci-après dans l'*Appendix* de son Hydrophytologie, et il a employé le nom de *Gelidium*, pour un groupe composé du *Laurencia pinnatifida*, Lamour., et des *Gigartina pistillata* et *pygmæa* du même auteur. (Voyez le Dict. des scienc. nat., tom. XVIII, pag. 305.)

Espèces. *Corneum*, Turn., pl. 257; Engl. bot., pl. 1970; Stackh., pl. 12; — *Crinale*, N., Turn., pl. 198; Pl. du Dict., Thal.; Desmaz., Crypt.; n.° 208; Chauvin, Algues, n.° 18; — *Clavatum*, Lamx., Diss., pl. 22, fig. 12; Turn., pl. 108; Stackh., pl. 6 (*pusillus*); Desmaz., Crypt., n.° 207; — *Spiniformis*, Lamour., Diss., pl. 36, fig. 3 et 4; — *Anthonii*, Lamour., Thal., pl. 3, fig. 6 et 7; — *Amansii*, Lamour., Diss., pl. 26, fig. 2 à 5; — *Cartilagineum*, Turn., pl. 124; Engl. bot., pl. 1477; Gmel., pl. 17; — *Coronopifolium*, Turn., pl. 122; Engl. bot., pl. 1478.

XXIe G. Laurencia, Lamour.

Ce genre, très-bien caractérisé et d'un *facies* déterminé, n'a point été employé par Lyngbye; la seule espèce qu'il ait cité, l'a été sous le nom générique de *Gelidium*. Agardh a placé toutes les espèces du *Laurencia* au commencement de son *Chondria*; il leur a adjoint des espèces du *Gigartina* et de l'*Acanthophora*, Lamx., ce qui forme une réunion d'êtres d'un *facies* bien différent. (Voyez le Dict. des scienc. nat., tom. XXV, pag. 325.)

Espèces. *Pinnatifida*, Turn., pl. 20; Engl. bot., pl. 1202; Chauvin, Algues, n.° 67; — *Obtusa*, Turn., pl. 21; Turn., pl. 1201; — *Gelatinosa*, Desf., Fl. atl., non figuré; — *Thyrsoides*, N.; Turn., pl. 19; — *Cyanosperma*, Delile, Égypt., pl. 57; — *Botryoides*, N.; Turn., pl. 178; — *Cæspitosa*, non figuré; — *Intricata*, Lamour., Diss., pl. 3 fig. 8 et 9; — *Laxa*, N.; Turn., pl. 203.

XXIIe G. Hypnea, Lamour.

Agardh a intercalé les espèces qui composent ce genre dans son *Sphærococcus* et son *Chondria*, où sont amalgamées des espèces de *Laurencia*, de *Gelidium* et d'*Acanthophora*, Lamour. (Voyez, pour les caractères de l'*Hypnea*, le Dictionnaire des scienc. nat., tome XXII, page 350.)

Espèces. *Musciformis*, Turn., pl. 127; Esp. fuc., pl. 93; — *Spinulosa*, Esp., pl. 34; — *Wighii*, Turn., pl. 102; Trans. linn., 6, pl. 10; *Hamulosa*, Turn., pl. 79; Esp., pl. 89; — *Charoides*, Lamour., Thal., pl. 4, fig. 1 et 2.

XXIII.e Genre. Acanthophora, Lamour.

Rapport d'organisation avec les espèces du genre *Hypnea*; conceptacles épineux et arrondis, épars sur les tiges et les rameaux. Espèces intercalées par Agardh dans son *Chondria*. (Voyez le Dict. des scienc. nat., tom. I.er, Suppl., pag. 13, et ci-après le genre *Plocamium*.)

Espèces. *Thierii*, Lamour., Diss., pl. 30 et 31, fig. 1; — *Delilii*, Delile, Égypt., pl. 56, fig. 1; — *Militaris*, Lamour., Thal., pl. 4, fig 4 et 5; — *Triangularis*, N.; Turn., pl. 33; Gmel., pl. 8, fig. 4; Esp., pl. 119.

XXIV.e G. Dumontia, Lamour.

Tiges fistuleuses; organisation la plus simple des Floridées; tissu cellulaire très-fugace; fructification éparse à la paroi intérieure de l'épiderme; *facies* très-distinct des autres genres. Une partie des espèces a été intercalée par Agardh dans son genre *Halymenia* avec des espèces membraneuses et à fructification saillante extérieurement. Lyngbye en a placé quelques espèces dans ses genres *Gastridium* et *Scytosyphon*, avec des *Ulva* et des *Gigartina*, Lamx. (Voyez le Dictionnaire des sciences naturelles aux mots Dumontia, Esperia et Halymenia.)

Espèces. *Incrassata*, Fl. Dan., pl. 653, 1480 fig. 2, 1664; Lyngb, pl. 17; — *Sobolifera*, Fl. Dan., pl. 356; Turn., pl. 149; — *Ventricosa*, Lamx., Thal., pl. 4, fig. 6; — *Fastuosa*, non figuré; — *Calvadosii*, Pl. du Dict. (acotyl. algues); — *Triquetra*, Engl. bot., pl. 1881; Pl. du Dict., acotyl. algues (*interrupta*).

XXV.e G. Gigartina, N.

Sous ce nom Lamouroux avoit réuni les espèces de thalassiophytes qui ont pour caractères : Tiges constamment cylindriques; tubercules sphériques ou hémisphériques, sessiles, gigartins (voyez le Dict. des scienc. nat., t. XVIII, p. 532). Ce point de vue trop général devoit nécessairement rassembler des espèces peu analogues; aussi le savant et scrupuleux professeur, frappé de la diversité du *facies* de plusieurs d'entre elles et guidé par la connoissance qu'il avoit de leur organisation interne, s'empressa de les coordonner et de les distribuer en trois sections, qu'il considéra avec raison comme devant plus tard aider à la formation de nouveaux genres. Lyngbye en a déjà établi un sous le nom de *Lomentaria*, basé sur le *Gigartina articulata*, Lamx. Ce nouveau genre, très-naturel, devra comprendre toutes les espèces de la 3.e section et une partie de la 1.re du *Gigartina*, Lamx. (voy. ci-après). De la 2.e section a été extrait par Agardh le *Gigartina rotunda*, dont il a formé le genre *Polyides*. Ce genre, qui est bien caractérisé, devra comprendre le *Gig. griffithsiæ* (voy. ci-après); il a aussi extrait le *Gigart. subfusca*, qui est convenablement placé dans le *Rhodomela*, en tant que ce genre sera réduit à la 3.e section d'Agardh (voyez ci-après aux *Thalassiophytes diaphysistées*). Le *Gigartina pedunculata* a aussi été retiré et placé dans le *Sporochnus*, Agardh, qui ne peut être admis qu'autant qu'on en séparera les espèces de *Desmarestia*, Lamx.

Les autres espèces énoncées ci-après, appartenant à la 2.e section, Lamour., forment maintenant le genre *Gigartina*, auquel on peut assigner les caractères suivans : Fronde cylindrique, gélatino-cartilagineuse, sans contractions, à folioles nulles, à conceptacles globuleux, sessiles, gigartins, innés ou adnés aux rameaux.

Presque toutes les espèces du genre *Gigartina*, N., ont été placées par Agardh dans son universel *Sphærococcus*. Les espèces du *Gigartina*, Lyngbye, appartiennent, savoir : la 1.re, 3.e et 8.e, au *Gigartina*, N.; la 2.e au *Polyides*, N.; la 4.e au *Desmarestia*, Lamx.; les 5.e, 6.e et 9.e au *Rhodomela*, N.

Espèces. *Confervoides*, Turn., pl. 84; Engl. bot., pl. 1668; — Stackh., pl. 8 (*Verrucosus*); — *Flagelliformis*, Turn., pl. 85; Fl. Dan., pl. 650; Engl. bot., pl. 1222; — *Scorpioides*, Fl. Dan., pl. 1479; Lyngb., pl. 13; — *Muricata*, Turn., pl. 18; Gmel., pl. 6, fig. 4; — *Purpurascens*, Turn., pl. 9; Engl. bot., pl. 1243; — *Plicata*, Turn., pl. 180; Engl. bot., pl. 1089; Gmel., pl. 14, fig. 2; — *Helminthocortos*, Turn., pl. 233; Journ. de phys., 1782, Sept., pl. 1, fig. 1, 10; — *Acicularis*, Turn., Hist., pl. 126; — *Tenax*, Turn., Hist., pl. 125; — *Pistillata*, Lamx., Diss., pl. 27; Gmel., pl. 12, fig. 1; Turn., pl. 28; — *Tædii*, Lamx., Thal., pl. 14, fig. 11; Roth, Cat., 3, pl. 4; Turn., pl. 208.

XXVI.e Genre. POLYIDES, Agardh et N.

(Voyez les caractères dans le Dict. des sc. nat., t. XLII, pag. 349.) Démembrement du *Gigartina*, Lamx. L'espèce qui sert de base à ce genre très-naturel et fort bien caractérisé, a été long-temps confondue par les botanistes avec le *Furcellaria lumbricalis* (Fucacées); cette méprise cesse en observant la fructification. Nous conservons à l'espèce, type du genre, son premier nom *Rotunda*, au lieu de celui de *Lumbricalis*, qu'Agardh lui avoit substitué et qui perpétueroit l'erreur d'identité avec la précédente. Nous plaçons dans ce genre le *Gigartina griffithsiæ*, Lamx., conforme en organisation, en fructification et en *facies* à l'espèce ci-dessus; il avoit été rejeté par Agardh dans son *Sphærococcus*.

ESPÈCES. *Rotunda*, Turn., pl. 5; Engl. bot., pl. 1738; Stackh., pl. 6, 14; — *griffithsiæ*, Turn., pl. 37; Stackh., pl. 19.

XXVII.e G. SPOROCHNUS, N.

Agardh, en formant le genre *Sporochnus*, dans la vue de grouper convenablement les *Fucus pedunculatus* et *radiciformis* de Turner, satisfit à un besoin de la science quand il y adjoignit, sous le rapport un peu général de fructification concentrique et claviforme, les *Fucus rhizodes* et *cabrera*, Turn. Ce rapprochement d'êtres d'une organisation remarquable, mais pas encore suffisamment étudiée, n'étonna point; mais quand on vit amalgamer les espèces du genre *Desmarestia*, Lamx., avec celles citées ci-dessus, on se demanda quelle analogie ces dernières pouvoient avoir avec leurs nouvelles associées, à frondes généralement planes, comme épineuses sur leurs marges, dont la fructification encore inconnue ne peut, cependant, d'après l'organisation cellulaire de ces espèces, correspondre à celle décrite par Agardh. De ces considérations il résulte qu'il est indispensable dans l'intérêt de la science d'exclure du genre *Sporochnus*, Agardh, les espèces *aculeatus*, *medius*, *viridis*, *inermis*, *ligulatus* et *herbaceus*, qui appartiennent au genre *Desmarestia*, Lamx. (Voyez ci-dessus ce genre aux *Fucacées*, et dans le Dict. des scienc. nat., tome XIII, pag. 104). Le genre *Sporochnus*, ainsi épuré, doit être admis sous l'énonciation des caractères suivans: Fronde filiforme, irrégulièrement et lâchement ramifiée, à conceptacles petits, arrondis, sessiles ou pédonculés, formés de corpuscules articulés, claviformes, disposés concentriquement et souvent couronnés de filamens pénicillés.

Le *sporochnus rhizodes* avoit été placé par Lyngbye dans le *Chordaria*, et par Lamouroux dans le *Dictyota*.

Espèces. *Radiciformis*, Turn., Hist., pl. 189; — *Pedunculatus*, Turn., Hist., pl. 188; Engl. bot., pl. 549; Gmel., pl. 19; — *Cabrera*, Turn., Hist., pl. 140; — *Rhizodes*, Lyngb., pl. 13; Turn., pl. 253; Engl. bot., pl. 1688; Desmazières, Crypt., n.° 206 (*Dictyota*).

XXVIII.e Genre. Lomentaria, N.

Au *Gigartina articulata*, Lamx., qui a servi de base à Lyngbye pour la formation du *Lomentaria*, on peut ajouter les sept espèces de la 3.e section du *Gigartina*, Lamour., et les cinq qui sont en tête de la 1.re section, et l'on aura un genre très-naturel, que l'on doit caractériser ainsi : Frondes et folioles arrondies, tubuleuses, subgélatineuses, souvent contractées ou atténuées extérieurement de distance en distance ; conceptacles globuleux, sessiles, gigartins, adnés aux rameaux ou aux folioles de la fronde.

Les contractions ou étranglemens de la fronde et des folioles dans plusieurs de ces espèces, ne sont qu'une modification de la forme extérieure, une sorte d'atténuation pédonculaire; elles n'affectent point intérieurement le tissu cellulaire; elles n'en interrompent point la continuité; elles n'y forment point de cloisons analogues à celles qui caractérisent les Thalassiophytes diaphysistées : le tissu est partout homogène. On ne peut attribuer qu'à une méprise, une transposition de phrases ou une erreur de typographie, l'assertion de Bory de Saint-Vincent, qui considère l'organisation du *Lomentaria articulata* comme analogue à celle des Conferves.

Agardh a confondu les espèces de ce genre avec celles de son *Chondria* et de son *Halymenia*. Lyngbye en a placé plusieurs dans son *Gastridium*.

Espèces. *Articulata*, Lyngb., pl. 30 *A*; Stackh., pl. 8; Engl. bot., pl. 1574; Turn., pl. 106; — *Opuntia*, Turn., pl. 107; Stackh., pl. 16 et 12; Engl. bot., pl. 1868 (*cæspitosus*); — *Pygmæa*, Lamx., Thal., pl. 4, fig. 12 et 13; — *Ovata*, Lamour., Thal., pl. 4, fig. 7; — *Vermicularis*, Turn., pl. 81; Gmel., pl. 18, fig. 4; Engl. bot., pl. 711; — *Capillaris*, Turn., pl. 31, 2.e édit.; — *Clavellosa*, Turn., pl. 30, 2.e édit.; Engl. bot., pl.

1203; Lyngb., pl. 17 (*Gastridium*); Chauv., Alg., n.° 41 (*chondria*); — *Kaliformis*, Turn., pl. 29, 2.e édit.; Lamx., Diss., pl. 29; Lightf., Fl. scot., pl. 31; Chauv., Alg., n.° 15 (*chondria*); — *Tenuissima*, Turn., pl. 100, Engl. bot., pl. 1882; Chauv., Alg., n.° 14 (*chondria*)—*Dasyphylla*, Turn., pl. 22; Engl. bot., pl. 847.

XXIX.e Genre. Plocamium, Lamx., Lyngb., N.

(Voir le Dict. des scienc. nat., t. XLI, p. 407.) Le *Fucus plocamium*, Gmel., fut pour Lamouroux le type d'un genre où il groupa plusieurs espèces d'une organisation remarquable au microscope par des cellules à cloisons fortement prononcées et assez régulièrement disposées aux extrémités pour donner à plusieurs de ces espèces l'apparence d'un tissu cloisonné. L'une d'elles, le *Plocamium plumosum*, est devenu depuis le type du genre *Ptilota*, Agardh et Bonnemaison (voir ce genre ci-après). Le *Ploc. asparagoides*, dont la tige est arrondie, a formé le genre *Bonnemaisonia*, Agardh, sous la considération que les séminules sont disposées au fond du conceptacle en forme de collier (voyez ci-après). Le *Ploc. amphibium* a été placé dans le genre *Rhodomela*, Agardh (voyez ci-après aux Thal. diaphysistées). Le *Ploc. triangulare*, intercalé par Agardh dans le genre *Tamnophora* que nous regardons comme superflu, nous semble devoir être mis dans l'*Acanthophora*, Lamx. (voir ce genre ci-dessus). Nous conserverons alors dans le genre *Plocamium* les espèces ci-après inscrites et leurs analogues correspondant aux caractères posés par Lyngbye, et que nous modifions ainsi : Fronde comprimée, très-rameuse, distique; Conceptacles globuleux, latéraux ou axillaires; Séminules agglomérées et non disposées sérialement.

Espèces. *Maxillosus*, Lamx., non figuré; — *Vulgare*, Lamx.; Gmel., pl. 16, fig. 1; Fl. Dan., pl. 1593; Turn., pl. 59; Lyngb., pl. 39 *B* (*coccineum*); Desmaz., Crypt., n.° 26; — *Cristatum*, Lamx., Thal., pl. 5, fig. 1, 2, 3 (excl. le syn. Linné); Engl. bot., pl. 1925; — *Labillardierii*, Mert., N.; Turn., pl. 137 (*pipericarpos*, Lamx.).

XXX.e G. Bonnemaisonia, Agardh.

Nous n'avons point observé dans les Conceptacles la *caténation* des séminules qui a servi de base à Agardh pour l'établissement de ce genre. Lors même que cet enchaînement des séminules ne seroit qu'une illusion d'optique, lorsqu'il ne seroit que l'effet momentané de la disposition de ces particules ou de leur dessiccation, si, comme nous le soupçonnons, l'observation n'a pas été faite sur des échantillons frais, d'autres caractères se présentent pour distinguer le *Bonnemaisonia* du *Plocamium;* tels sont la forme arrondie de la fronde et des pinnules simples et distiques dont elle est garnie, la fructification pédonculée et l'élongation des séminules. On peut regarder le *Plocamium Labillardierii* comme le passage du genre précédent à celui-ci, où, par la suite, on jugera peut-être convenable de le placer.

Si le *Bonnem. pilularia,* que nous ne possédons pas, est entièrement conforme, comme le dit Agardh, à la pl. 10, fig. 2, de Gmelin, cette espèce doit être retirée de ce genre et reportée dans le *Plocamium;* il en est de même du *Bonnem. elegans,* qui, s'il s'accorde avec la figure du *Delisea fimbriata* du Dictionnaire des sciences naturelles, laquelle, elle-même, est la figure réduite n.° 1, pl. 3, de l'*Essai sur les thalassiophytes,* Lamx., doit être reporté au *Delisea* de cet auteur; de sorte que des espèces placées par Agardh dans le genre *Bonnemaisonia,* nous ne reconnoissons que l'*asparagoides,* qui précédemment appartenoit au *Plocamium*, Lamx.

Espèce. *Asparagoides,* Turn., pl. 101; Trans. linn., 2, pl. 6; Engl. bot., pl. 571.

XXXI.e Genre. Ptilota, Agardh, Lyngb., Bonnem.

L'espèce qui a servi de type à Agardh et à Bonnemaison pour l'établissement de ce genre, est le *Plocamium plumosum*, Lamouroux (voyez le Dictionnaire des sciences naturelles, tome XLIV, page 64). Les séminules oblongues sont agglomérées dans un élytre environné d'un involucre polyphylle; les cellules sont fortement cloisonnées et disposées sérialement de manière à présenter dans les rameaux l'apparence de la structure des Thalassiophytes diaphysistées (voyez ci-après). A ne considérer cette espèce que sous le point de vue de ses cellules et séparée de plusieurs autres espèces analogues où cette disposition des cellules est moins prononcée, on conçoit très-bien que Bonnemaison ait dû transporter ce genre dans sa tribu des *Hydrophytes loculées.* Nous-même l'avions placé aussi dans les *Hydrophytes diaphysistées*; mais la forme comprimée de cette espèce, même dans ses ramules; la tendance de ces dernières à prendre l'état membraneux par un accroissement de cellules latérales; le caractère particulier de la fructification, qui se remarque aussi dans plusieurs autres espèces analogues où la disposition sériale des cellules est moins prononcée, m'ont déterminé à laisser ce genre dans les *Thalassiophytes symphysistées*, comme le terme moyen qui lie celles-ci avec les *Thalassiophytes diaphysistées*.

Espèces. *Plumosa*, Turn., pl. 60; Lyngb., pl. 9 *A*; Fl. Dan., pl. 350; Engl. bot., pl. 1308; — *Asplenioides*, Turn., pl. 62; Esper, Icon., pl. 147; — *Densa*, non figuré; — *Flaccida*, Turn., pl. 61.

SPHÆROCOCCUS, Agardh.

Avant de terminer les Floridées, nous devons citer pour mémoire le *Sphærococcus* d'Agardh, vaste amas des êtres les plus disparates en organisation et en *facies*, qui, réunis sous la considération trop générale de couleur purpurine, de substance coriace, de fructification rouge, globuleuse, renfermant une agglomération de séminules, en font un genre inutile à la science et d'un usage impraticable. Les espèces qui le composent appartiennent aux *Delesseria*, *Dawsonia*, *Halymenia*, Lamx.; aux *Chondrus*, *Gigartina*, *Gelidium*, Lyngb. et Lamour. En établissant aussi un genre sous le nom de *Sphærococcus*, Lyngbye en avoit au moins circonscrit la trop grande étendue par la place déterminée qu'occupoit la fructification; les espèces qui composent ce dernier rentrent dans l'*Halymenia* et le *Chondrus*, Lamx. et Nobis.

3.e *Ordre*. DICTYOTÉES.

XXXII.e Genre. Amansia, Lamouroux et Agardh.

(Voyez le Dict. des scienc. nat., t. II, Suppl., p. 3.) Agardh, en adoptant ce genre de Lamouroux, y a intercalé le *Fucus fraxinifolius*, Turn., d'après lequel il a modifié et étendu les caractères du genre. Nous conservons provisoirement cette belle et admirable espèce dans le genre *Amansia*, jusqu'à ce qu'un examen attentif sur un échantillon à fructification entièrement développée, permette de prononcer si elle doit y rester définitivement ou former le type d'un nouveau genre.

Espèces. *Multifida*, Lamx., Bull. phil., 1809, n.° 20, pl. 6, fig. *c*, *d*, *e*; — *Mamillifera*, Lamx., non figuré; — *Semi-pennata*, Lamx., Thal., pl. 5, fig. 4 et 5; — *Fraxinifolia*, Agardh; Turn., Hist., pl. 193.

XXXIIIe G. Dictyopteris, Lamour.

(Voyez les caractères dans le Dict. des scienc. nat., t. XIII, p. 204.) Agardh, tout en reconnoissant la bonne disposition et l'utilité de ce genre, a voulu substituer le nom d'*Haliseris* à celui de *Dictyopteris*. Ce dernier est entériné dans toutes les collections et dans tous les ouvrages depuis plus de quinze ans. Il donne une idée précise du caractère de la famille en même temps que de l'organisation générale des espèces du genre; la fixité de la nomenclature prescrit sa conservation.

Espèces. *Justii*, Lamx., Bull. phil., 1809, n.° 20, pl. 6, fig. *A*; — *Elongata*, Lamx., Diss., pl. 24, fig. 1; Turn., pl. 87 (*F. membranaceus*); — *Polypodioides*, Lamx., Diss., pl. 24, fig. 2; Chauv., Alg., n.° 70; — *Serrulata*, Lamx., Thal., pl. 6, fig. 6; — *Delicatula*, Lamx., Bull. phil., 1809, n.° 20, pl. 6, fig. *B*; — *Woodwordia*, Turn., Hist., pl. 250.

XXXIVe G. Dictyota, Lamour.

En publiant en 1809 le genre *Dictyota*, Lamouroux le partagea en deux sections. Persuadé que chacune d'elles devoit former un genre distinct, il assigna à la première, dans son *Essai sur les Thalassiophytes*, le nom de *Padina*, déjà proposé par Adanson (voyez ci-après). Il conserva le nom de *Dictyota* à la seconde, qui offre pour caractères: Frondes sans nervures, dichotomes ou laciniées, à substance réticulée; fructifications granuliformes situées à la surface de la fronde, soit en lignes longitudinales ou flexueuses, soit éparses totalement ou en partie. La couleur des espèces est une teinte verdâtre, plus ou moins foncée, qui ne change point par la dessiccation. (Voyez le Dictionnaire des sciences naturelles, tom. XIII, pag. 205.)

Lyngbye a placé le *Dictyota dichotoma* dans le genre *Ulva*. Agardh, en faisant un genre des deux sections de Lamouroux, l'a nommé *Zonaria*, et il l'a placé, malgré l'organisation toute différente des espèces, dans sa famille des *Fucoïdes*, qui répond à celle des *Fucacées* de Lamouroux et Richard. Ce nom générique ne peut prévaloir par les mêmes motifs que ceux énoncés au genre précédent.

Espèces. *Ciliata*, Lamx., Diss., pl. 25, fig. 2; Chauv., Alg., n.° 24, pl. 419; — *Laciniata*, Lamour.; Chauv., Alg. de la Norm., n.° 48 (*Zonaria multifida*); — *Dentata*, Gmel., pl. 10, fig. 1 (*Atomarius*); — *Dichotoma*, Lamour., Diss., pl. 22, fig. 3, pl. 23, fig. 1; Lightfoot, Fl. scot., pl. 34; Lyngb., Hydroph., pl. 6; Engl. bot., pl. 774; Chauv., Algues, n.° 47; — *Implexa*, non figuré; — *Pusilla*, non figuré; — *Fasciola*, Roth, Cat., 1, pl. 7, fig. 1; Esper, Icon., pl. 44; Desmaz., Crypt., n.° 205; — *Polypodioides*, Lamx., Thal., pl. 6, fig. 2 et 3.

XXXV.e Genre. Padina, Adanson, Lamouroux.

Première section de l'ancien genre *Dictyota*, Lamx., indiquée en 1816 dans l'*Essai sur les Thalassiophytes*, sous le nom de *Padina*, dénomination déjà antérieurement donnée à ce groupe par Adanson. Il a pour caractères : des frondes réniformes et flabelliformes, sans nervures, à substance réticulée, en apparence longitudinalement striée, ayant à leur surface des fructifications granoïdes, situées en lignes transversales, parallèles, courbées en arc de cercle et concentriques. (Voyez le Dict. des scienc. nat., tome XIII, page 206.)

Agardh a placé les espèces de ce genre dans son *Zonaria*.

Espèces. *Pavonia*, Ellis, Corall., pl. 33, fig. *C*; Engl. bot., pl. 1276; Desmaz., Crypt., n.° 60; Chauv., Alg., n.° 23; — *Variegata*, Lamx., Thal., pl. 5, fig. 7, 8, 9; — *Squammaria*, Gmel., pl. 20, fig. 1; Turn., pl. 244; — *Zonata*, Lamx., Diss., pl. 25, fig. 1; — *Tournefortiana*, Lamour., Diss., pl. 26, fig. 1.

XXXVI.e G. Asperococcus, Lamour.

Ce genre, que distingue une tige fistuleuse, des fructifications saillantes à la superficie, rudes au toucher, se présentant au microscope sous forme de papilles alongées et arrondies, a été placé par Lamouroux dans l'ordre des Ulvacées. (Voyez le Dict. des scienc. nat., t. III, Suppl., p. 54.) Le caractère particulier de la fructification, non remarquable dans les autres genres des Ulvacées, se joignant à une organisation réticulée, que nous avons reconnue au microscope être produite par des cellules carrées, alongées et régulièrement disposées, ne nous ont pas permis d'hésiter un instant à placer le genre *Asperococcus* dans les Dictyotées. La couleur et le *facies* des espèces de ce genre semblent aussi au premier aspect indiquer cette détermination.

Agardh, à qui il a plû postérieurement d'appeler ce genre *Encœlium*, a senti aussi la nécessité de le retirer des Ulvacées; mais il l'a placé dans ses Fucoïdes, à la suite de l'*Haliseris*, qui correspond au *Dictyota* et au *Padina*, Lamx.

Espèces. *Rugosus*, non figuré (*ulva rugosa*, Dec.); — *Bullosus*, Lamx., Thal., pl. 6, fig. 5.

4.e Ordre. ULVACÉES.

XXXVII.e Genre. Ulva, Agardh, Nobis.

Sous ce nom ont été long-temps groupées presque toutes les Thalassiophytes d'organisation membraneuse, à fructification répandue dans ou sur le tissu de la membrane. Un grand nombre d'auteurs ont cherché autrefois à modifier ce genre, qui, malgré leurs efforts, a renfermé encore long-temps des êtres disparates, jusqu'au moment où une étude plus sévère de l'organisation et de la fructification des Thalassiophytes a permis de répartir dans de nouveaux genres une partie des espèces qui composoient celui-ci. Lamouroux, dans son *Essai sur les Thalassiophytes*, l'a circonscrit aux espèces, soit membraneuses ou tubuleuses, d'une organisation cellulaire très-simple, analogue à celle des jeunes cotylédons ou du tissu herbacé des phanérogames, ayant des graines isolées, innées dans la substance de la plante, éparses et jamais saillantes. Il forma des espèces ainsi caractérisées deux sections, l'une à *feuilles planes* et l'autre à *feuilles fistuleuses*. Lyngbye conserva le nom d'*Ulva* à la première section, mais y intercala des espèces de *Laminaria*, d'*Halymenia* et de *Dictyota*; il fit de la seconde section son genre *Scytosyphon* et y mêla quelques espèces appartenant évidemment à d'autres genres. Agardh adopta d'abord sous un seul nom les deux sections de Lamouroux; depuis il conserva à la première celui d'Ulva et donna à la seconde celui de Solenia; mais ce dernier nom ayant été antérieurement employé par Hoffmann, Persoon et Nées, pour un autre genre de cryptogames de la famille des champignons, Fries proposa celui d'*Ilea* (voyez le Dict. des scienc. nat., t. XLIX, pag. 438), que nous adoptons (voir ci-après). Nous reconnoissons sous le nom d'*Ulva* les espèces à frondes membraneuses, formant la première section de celui de Lamouroux;

mais nous n'en séparons point les espèces brun-pourprées, parce qu'elles sont souvent, par diverses circonstances, ramenées à la couleur verte : ce sont celles dont Agardh a fait son genre *Porphyra.*

ESPÈCES. *Lactuca*, pl. 1551 ; Desmaz., Crypt., n.° 7 ; — *Latissima*, Esper, pl. 1 ; Chauv., Alg., n.° 39 ; — *Umbilicalis*, Lightf., pl. 33 ; Fl. Dan., pl. 1663 ; Roth, pl. 6, fig. 1 ; Esp., pl. 2 (*ulva*) ; Engl. bot., pl. 2286 ; Chauv., Alg., n.° 66 ; — *Miniata*, Lyngb., Hydroph., pl. 6.

XXXVIII.e Genre. ILEA, Fries.

Frondes tubuleuses, atténuées à la base, à tissu semblable à celui de l'*Ulva*, strié et aréolé dans plusieurs espèces ; Séminules isolées, innées dans le tissu de la membrane. (Voyez ci-dessus le genre *Ulva.*)

ESPÈCES. *Compressa*, Engl. bot., pl. 1739 ; Fl. Dan., pl. 1480, fig. 1 ; Desmaz., Crypt., n.° 8 ; — *Intestinalis*, Dillen., pl. 9, fig. 7 ; Desmaz., Crypt., n.° 9 ; — *Clathrata*, Lyngb., Hydroph., pl. 16 ; Fl. Dan., pl. 1667 ; — *Fistulosa*, Engl. bot., pl. 642.

XXXIX.e G. FLABELLARIA, Lamouroux, N.

Fronde flabelliforme, revêtue d'une sorte de parenchyme qui couvre inégalement des fibres continues, tubuleuses, enlacées les unes aux autres par des ramifications courtes et horizontales ; fructification inconnue.

Tels sont les caractères qu'un examen sévère de la production qui fait le type de ce genre nous oblige de substituer à ceux de feu notre savant ami Lamouroux, qui, frappé du *facies* de cette production, entraîné par l'analogie et opérant probablement sur un échantillon très-épais, aura pris pour des cellules carrées ou mailles de réseaux, les larges intervalles carrés que les ramifications transversales semblent former par leurs jonctions ou enlacemens avec les fibres parallèles et longitudinales. Ces fibres tubuleuses ou rameuses, qui forment en quelque sorte le cannevas de cette production, sont analogues pour la structure, vues au microscope, à celles du *Vaucheria* : elles sont garnies intérieurement de *Pulviscules* ou corpuscules ovoïdes très-ténus ; le parenchyme, qui recouvre ces fibres, me semble formé de particules analogues à celles qui en garnissent l'intérieur. Cette organisation nous fait un devoir de retirer des *Dictyotées* le genre *Fla-*

bellaria et de le placer provisoirement dans les *Ulvacées*, où il s'allie par sa couleur avec les aspects de cette famille, recommandant à l'attention des micrographes des bords de la Méditerranée cette production, pour suivre sur des échantillons frais les diverses phases de son développement et sa physiologie.

L'illustre Desfontaines a donné, dans sa *Flora atlantica*, au *Conferva flabelliformis* une excellente description de l'espèce qui fait la base du genre FLABELLARIA.

Agardh a fondu ce genre dans son *Codium*, qui n'est que le *Spongodium* de Lamouroux.

ESPÈCE. *Desfontainii*, Marsilli, Hist. de la mer, pl. 6, fig. 27; Lamx., Thal., pl. 5, fig. 4; Gin., Op. post., pl. 25, fig. 56; Desmaz., Crypt., n.° 204.

XL.ᵉ Genre. CAULERPA, Lamouroux.

Ce genre, que caractérisent des tiges cylindriques, horizontales, rampantes ou rameuses, terminées par des expansions foliacées de couleur verte, brillante et comme vernissée, a été adopté par Agardh sans restriction ni modification. Ce genre, que nous recommandons à l'attention des naturalistes, qui peuvent en observer les espèces sortant de la mer, a été signalé par Lamouroux comme ayant quelques rapports avec certains polypiers. (Voyez le Dict. des scienc. natur., tome VII, pl. 284.)

ESPÈCES. *Prolifera*, Lamx., Journ. de bot., pl. 2; Turn., Hist., pl. 58; — *Peltata*, Lamx., Journ. de bot., pl. 3, fig. 2 *a*, *b*; — *Chemnitzia*, Turn., Hist., pl. 200; — *Taxifolia*, Lamx., Journ. de bot., pl. 2, fig. 2 (*Pennata*); Turn., Hist., pl. 54; — *Myriophylla*, Gmel., Fuc., pl. 15, fig. 4 (*malè*); — *Pinnata*, Turn., Hist., pl. 53; — *Scalpelliformis*, Turn., Hist., pl. 174; — *Clavifera*, Turn., Hist., pl. 57; — *Lamourouxii*, Turn., Hist., pl. 229; Lamx., Journ. de bot., pl. 2, fig. 3 (*Obtusa*); — *Uvifera*, Turn., Hist., pl. 230; — *Sedoides*, Turn., Hist., pl. 172; — *Ericifolia*, Turn., Hist., pl. 56; — *Selago*, Turn., Hist., pl. 55; — *Hypnoides*, Lamx., Journ. de bot., pl. 3, fig. 3; — *Flexibilis*, Lamx., Thal., pl. 7, fig. 3; — *Turneri*, Turn., Hist., pl. 173 (*Hypnoides*); — *Cactoides*, Turn., pl. 171.

XLI.ᵉ G. BRYOPSIS, Lamx.

(Voyez les caractères dans le Dict. des scienc. nat., tom. V, Suppl., pag. 99.) Agardh, Lyngbye et Fries, ont pleinement adopté ce genre de Lamouroux. Il existe une grande analogie entre l'organisation des espèces de ce genre et celle du *Vaucheria*, Ag.: comme celui-ci, elles sont formées d'un tube hyalin, où l'on ne distingue aucune trace de cellules; l'intérieur est rempli de corpuscules ténus, verdâtres et ovoïdes, qui s'attachent et se répartissent à la paroi intérieure de ce tube et de ses rameaux, et qui, lorsqu'on les froisse, s'agglomèrent en petites sphères d'un vert noirâtre. Les espèces de ce genre diffèrent de celles du *Vaucheria* par plus de consistance dans la membrane tubuleuse, par des ramifications distiques, par un port dendroïque, par un aspect vernissé et par une odeur pénétrante analogue à celle de l'acide gallique. J'ai remarqué dans quelques ramules un léger mouvement d'oscillation. Des expériences suivies sur ce genre le rendront peut-être un jour aux Némazoaires ou aux Polypiers. (Voyez le VAUCHERIA.)

ESPÈCES. *Pennata*, Lamx., Journ. de bot., pl. 3, fig. 1 *a*, *b*; — *Arbuscula*, Lamx., Journ. de bot., pl. 1, fig. 1; — *Hypnoides*, Lamx., Journ. de bot., pl. 1, fig. 2 *a*, *b*; — *Cupressina*, Lamx., Journ. de bot., pl. 1, fig. 3 *a*, *b*; — *Mucosa*, Lamx., Journ. de bot., pl. 1, fig. 4; — *Balbisiana*, Lamx., Thal., pl. 7, fig. 2; — *Plumosa*, Lyngb., Hydroph., pl. 19.

XLII.[e] Genre. SPONGODIUM, Lamouroux.

Ce genre, dont Lamouroux avoit fait d'abord le type d'une famille distincte, a été provisoirement et convenablement réuni par lui à la famille des *Ulvacées*. Les productions de ce genre présentent une réunion de tubes fistuleux entrelacés, diaphanes, de la nature de ceux des *Bryopsis* et des *Vaucheria*, recouverts de nombreux filamens tubuleux de même nature, courts, obtus ou claviformes, remplis de corpuscules verdâtres, analogues à ceux des deux genres ci-dessus cités.

Ces corpuscules oblongs, observés au microscope, sont susceptibles de contraction et de dilatation; ils s'atténuent facilement aux extrémités; leurs dimensions varient d'un 400.e de ligne à un 200.e; ils sont doués de trois petits points brillans très-rapprochés. Ces corpuscules sont quelquefois exsudés de leurs membranes et recouvrent alors la partie extérieure du tube.

Les petits tubes claviformes qui, par leur disposition horizontale et rayonnante autour de la tige principale, donnent au *Spongodium tomentosum* un aspect velouté, sont susceptibles d'une grande dilatation, de là la propriété qu'a cette production de s'imbiber d'eau comme une éponge. Cette production nous paroît avoir une grande affinité avec des productions phytoïdes appartenant au règne animal. (Voyez le Vaucheria.)

Agardh a postérieurement donné à ce genre le nom de *Codium* et y a intercalé l'espèce membraneuse et à surface parenchymateuse qui fait la base du genre *Flabellaria*, Lamx. (Voyez ce genre ci-dessus.)

Espèces. *Tomentosum*, Turn., Hist., pl. 135; Marsilli, Hist. de la mer, pl. 8, fig. 36 et 37; Engl. bot., pl. 712; Stackh., pl. 7 et 12; — *Bursa*, Turn., Hist., pl. 136; Engl. bot., pl. 2183.

Les divers genres de Thalassiophytes symphysistés, dont nous venons de présenter l'énumération, ont été établis, comme on a pu en juger, d'après la considération du *facies*, résultant de l'organisation particulière des espèces, combiné avec les formes variées et constantes sous lesquelles la *Fructification* se présente à l'œil de l'observateur.

La Fructification est tellement une conséquence de l'organisation interne, que l'on peut, comme l'a fait entrevoir Lamouroux, indiquer à l'examen de celle-ci quelle doit être la forme de l'autre dans les individus où elle n'est pas encore apparente. Le développement de la fructification des Thalassiophytes, observé microscopiquement dans ses diverses phases, sur un grand nombre d'espèces, pendant plusieurs années consécutives, nous a offert une série d'expériences qui nous permet d'énoncer les généralités suivantes. A certaines époques un fluide mucilagineux, actif, pénétrant, dilate par sa présence le tissu des Thalassiophytes et donne à l'extérieur même du végétal une vivacité de couleur qu'il n'avoit pas précédemment au même degré, et que viennent ensuite obscurcir des teintes plus rembrunies, plus intenses. Observées dans le moment de cette sorte de luxe de végétation, on trouve un grand nombre des cellules de ces plantes chargées sur divers points de particules d'une matière légèrement colorée, affectant, suivant les espèces, des formes diverses, souvent vagues, rarement visibles à l'œil nu. Si l'on suit le développement des particules de cette matière colorée, particulièrement dans les espèces purpurines, on la voit prendre de l'intensité dans sa couleur et des formes plus déterminées; les cellules qui la renferment, que souvent elle constitue, se tuméfient; la matière colorée s'écoule ou disparoît dans quelques-unes; dans d'autres elle se rapproche, s'agglomère, et l'on voit à cet état du végétal succéder celui où se forment, à la surface d'un grand nombre d'espèces, tantôt aux extrémités, tantôt aux subdivisions, aux parties latérales, aux marges des frondes, des tuméfactions en général sensibles à la simple vue. Ces tuméfactions renferment au milieu d'un mucus souvent filamenteux, des amalgames globuleux de grains plus ou moins fortement colorés, que des expériences réitérées présentent avec certitude comme les *Séminules* propagateurs de la plante. Ces tuméfactions, tantôt cylindriques, tantôt comprimées, quelquefois alongées en silique et souvent globuleuses, qui se forment dans le tissu de la plante et à superficie, sont désignées sous le nom de *Conceptacles;* elles renferment des petites agglomérations appelées *Élytres*, dans lesquelles se trouvent immergés les petits grains colorés appelés *Séminules*, lesquels perpétuent, par la simple extension de leur tissu cellulaire, sans rupture d'enveloppe ou arille, l'espèce de Thalassiophyte dont ils sont le type. Cet état est le mode de fructification le plus apparent, c'est celui que plusieurs auteurs ont qualifié de *Fructification Tuberculeuse* : on peut en avoir une idée bien distincte en consultant la figure 6 de la planche 8, et les figures 9, 12 et 13 de la planche 10 de l'*Essai sur les genres de la famille des Thalassiophytes non articulés* par Lamouroux. L'autre mode se manifeste aussi dans plusieurs des espèces susceptibles des développemens que je viens de décrire : il consiste en petits grains légèrement colorés, de forme vague ou rarement déterminée, répandus çà et là dans le tissu de la plante, rarement visibles à la simple vue, se présentant à la loupe, dans quelques espèces, comme un *sablé* de petits points plus ou moins colorés, c'est ce que plusieurs auteurs ont appelé *Fructification Capsulaire.* On en peut voir la figure dans l'ouvrage précité aux planches 8, fig. 7 A, et 10, fig. 11. Ces deux aspects différens, ces deux états de la fructification, ont été qualifiés de *Double Fructification;* ils ont donné lieu aux théories suivantes.

Dawson Turner a pensé d'abord que le dernier phénomène étoit le produit du premier, que le pointillé coloré que l'on aperçoit à l'aide de la loupe dans plusieurs espèces purpurines, à travers ou sur la membrane épidermoïque du végétal, résultoit de la dispersion des petits grains colorés, agglomérés dans les Tubercules, ou Conceptacles visibles à la surface de ces Thalassiophytes. On conçoit tout ce que cette hypothèse a de simple et de séduisant; mais Dawson Turner ne tarda point à s'apercevoir, par des observations subséquentes, que cette hypothèse n'étoit point fondée en réalité, et il publia sa rétractation avec cette noble franchise qui honore les savans. N'apercevant point, dans les échantillons soumis à son observation, la réunion des deux modes de fructification sur le même individu, il partit de là pour reproduire l'opinion du docteur Solander, qui soupçonnoit ces sortes de plantes d'être *Dioïques;* mais l'envoi que M. Brodie fit à M. Dawson Turner d'un échantillon du *Fucus coccineus* (*Plocamium vulgare*, Lamx.), présentant sur le même rameau les deux aspects de fructification, détruisit entièrement cette supposition.

Mertens, portant sur cet objet cet esprit philosophique d'analyse qui suit dans les diverses gradations la structure et la complication des êtres, considère cette *Fructification* dite *Capsulaire*, ces granules colorés épars dans le tissu de certaines espèces, comme les premiers rudimens de la fructification; il pense que les parties du tissu qui renferment ces grains, se dilatent, qu'il s'y fait un rapprochement de cette matière granuleuse colorée, peut-être un amalgame à l'instar de la matière des *Conjuguées* de Vaucher, et que la tuméfaction qui en est la suite se manifeste à l'extérieur du végétal sous forme globuleuse ou hémisphérique, et constitue la fructification dite *Tuberculeuse*.

Lamouroux, à qui la botanique marine est redevable de tant d'observations précieuses, de tant de travaux utiles, Lamouroux qui, un an au plus avant que la mort l'eût enlevé aux sciences, discutoit avec nous ce mystère de la double fructification et coordonnoit nos observations avec les siennes, dans l'espoir d'offrir sur cette matière des aperçus uniformes plus positifs que ceux entrevus jusqu'alors, posa en principe que la fructification dite *Capsulaire*, et qu'il appeloit, d'après notre dénomination, *Anthospermique*, « est « en général stérile; que cette fructification anthospermique

« ou capsulaire doit être regardée comme une *Fructification* « *avortée*, et non comme le premier âge, le premier état, « le commencement de la fructification. » Il n'accordoit pas que la fructification anthospermique ou capsulaire pût devenir tuberculeuse ou conceptaculaire.

Ce point de dissidence que nous nous étions mutuellement promis de chercher à éclaircir, et sur lequel des observations suivies d'une et d'autre parts n'eussent pas tardé à nous mettre d'accord, est toujours pour moi un vif sujet de regrets. Je dois donc aux progrès de la science, à la vérité et à la mémoire de ce digne professeur, de ce savant ami, que distinguoit un caractère vif, franc et loyal, de dire que des observations microscopiques constamment suivies sur le développement de ces concrétions colorées éparses dans le tissu des *Dawsonia lacerata, Gmelinii*, des *Delesseria hypoglossa, sinuosa, sanguinea*, des *Lomentaria dasyphylla, clavellosa, kaliformis*, du *Laurencia pinnatifida*, du *Plocamium vulgare*, ne m'ont laissé aucun doute que ces granules sont les rudimens de la fructification Conceptaculaire dite Tuberculeuse. Ces particules rudimentaires, dont on peut avoir une idée exacte en consultant les figures citées dans un tableau ci-joint, sont des agglomérations de petits globules celluleux, denses, dans lesquels se concrète une matière colorée rouge, extrêmement ténue, et dont l'intensité ne se développe que par degrés; elles précèdent toujours le développement du tubercule ou conceptacle; elles présentent dans ces êtres d'une organisation plus simple quelque analogie avec l'état floral des phanérogames, ce qui nous les a fait désigner sous le nom d'*Anthospermes*. Les Anthospermes qui se manifestent sur certaines espèces de Thalassiophytes, principalement de l'ordre des Floridées, n'arrivent pas toutes au développement conceptaculaire; un grand nombre avorte : celles sur lesquelles le fluide vital se porte plus particulièrement, sont destinées à former ou à élaborer les *Séminules* ou grains reproducteurs; les cellules qui les environnent se tuméfient; il se forme extérieurement, par suite de cette tuméfaction sphérique, une excroissance ou oblongue-sessile ou pédicellée, dans laquelle les *Anthospermes* colorées se subdivisent, prennent de l'accroissement, et de globuleux qu'elles étoient, arrivent dans leur développement à la forme ovalaire; alors l'excroissance qui les renferme prend le nom de tubercule ou conceptacle. Si vous ouvrez une de ces convexités ou conceptacles, vous y trouverez les *Séminules* sous forme de grains ovoïdes fortement colorés, généralement agglomérés autour des cellules formant au centre comme un placenta; souvent aussi elles sont environnées de filamens mucilagineux, qui ne sont que les débris du plexus cloisonnaire des cellules. Les grains ou séminules renfermés dans ces conceptacles, examinés attentivement avec les plus fortes lentilles du microscope, paroissent composés d'un tissu cellulaire régulier, dont les parois cloisonnaires se font distinguer comme des filets déliés et extrêmement ténus. Ce plexus devient plus marqué quelque temps après la dispersion des séminules, dont le développement commence alors, et se fait par extension sans aucune rupture du tissu. Des expériences comparatives ont été faites par nous entre les Séminules et les *Anthospermes*, pour nous assurer si les *Anthospermes* ou granules colorées dites capsulaires, détachées de la paroi de la plante avant leur développement en conceptacles, avoient, dans cet état, la vertu reproductive. Ces derniers se sont décolorés sans prendre de développement dans les vases pleins d'eau de mer où nous les observions, tandis que les séminules des conceptacles ou grains de la fructification tuberculeuse se sont développés en expansions foliacées. Cet état *Anthospermique* de la fructification a lieu aussi dans les *Fucacées;* mais la couleur olivâtre, l'opacité des plantes de cette famille, la différence d'organisation dans le tissu, ne permettent pas à ce phénomène d'y jouer un rôle aussi décevant que dans la famille des *Floridées*. Si nous ouvrons les légers renflemens axillaires ou terminaux d'une *Fucacée*, dont le développement tend à l'état *Conceptaculaire,* nous trouvons que le tissu filamenteux et mucilagineux de ces parties est déjà chargé de distance en distance, et particulièrement à la paroi interne de l'épiderme, d'agglomérations d'une matière dense et gélatineuse, opaque-cendrée, dans laquelle sont immergés de petits grains colorés, que le lieu circonscrit et déterminé qu'occupe cette matière fait reconnoître facilement pour les rudimens des *Élytres* où s'élaborent les séminules reproducteurs. Dans les *Ulvacées* et les *Dictyotées*, le passage de l'état anthospermique à l'état conceptaculaire est à peine sensible; les conceptacles présentent au premier aspect la forme granuleuse des *Anthospermes*; comme elles, ils sont épars dans les cellules et à la surface des cellules qui constituent les expansions vertes et membraneuses des premières, et les frondes jaunâtres minces et réticulées des secondes. Mais quand on a observé attentivement au microscope le premier développement de la fructification, et que l'on compare cet état à celui que présente l'état de maturité de cette fructification, on aperçoit une différence marquée, et l'on acquiert la conviction que ces conceptacles en apparence graniformes sont des tuméfactions celluleuses renfermant des *Séminules*.

Les *Anthospermes* ou les particules rudimentaires florales de la fructification conceptaculaire des Thalassiophytes, demande-t-on, ne font-elles pas fonctions d'organes mâles? Nous ne le pensons pas, par la raison que le *fluide mucilagineux* dont M. Correa de Serra a démontré en 1796 l'importance prolifique dans les Fucus, nous paroît un moyen suffisamment actif et puissant de fécondation. Ce fluide ne se manifeste qu'à certaines époques; il s'exsude souvent en viscosités par les pores de la plante; il donne au végétal un aspect brillant qu'il n'a point aux autres phases de son existence; il précède toujours l'entier développement de la fructification; il paroît parfaitement approprié à la marche simple et ordinaire de la nature. Les effets étonnans de ce *Fluide mucilagineux*, sa nature, ses rapports avec les *Anthospermes*, dont il précède et accompagne l'apparition; le développement de ces dernières dans les thalassiophytes; leur avortement et leur passage à l'état conceptaculaire, sont autant de points d'étude et d'observation recommandés à l'attention des naturalistes qui habitent les bords de la mer, et sur lesquels il étoit important d'entrer dans d'utiles et nécessaires explications. La fructification étant un point très-essentiel dans la physiologie végétale, et celle des Thalassiophytes offrant dans leur développement des phénomènes devenus des points intéressans de discussion entre les naturalistes, nous croyons, avant de passer à l'exposé des genres des Thalassiophytes diaphysistés, devoir présenter deux tableaux indicatifs des diverses figures, où sont exactement représentées, grossies au microscope, les diverses parties de la prétendue *Double fructification*. Par là nous mettons les amateurs de la science à même de reconnoître dans les diverses familles des Thalassiophytes les deux aspects que nous venons de signaler sous les noms d'*Anthospermes* et de *Conceptacles*; nous prévenons aussi par là l'embarras où l'on est souvent de se procurer des échantillons frais dans les conditions voulues, et la difficulté où peuvent se trouver quelques lecteurs de manier le scalpel, ou de faire usage des verres très-amplifians du microscope.

1.er TABLEAU.

ANTHOSPERMES : *développement incomplet de la fructification; sorte d'état floral des Thalassiophytes susceptible d'avortement.*

NOMS DES AUTEURS et TITRES DES OUVRAGES.	FAMILLES auxquelles se rapportent les figures.	INDICATION des planches et des figures qui représentent les *Anthospermes*.
DAWSON TURNER. *Fuci sive plantarum fucorum generi a botanicis descriptarum icones, descriptiones et historia*; 4 vol. in-4.° Londres, 1808 à 1819; 258 planches.	*Floridées*....	Pl. 14 *b*, *c*, *d*; pl. 5 *c*, *d*; pl. 19 *c*, *f*; pl. 20 *b*, *c*; pl. 21 *b*, *c*; pl. 22 *c*, *d*; pl. 29 (édit. 2.e, fig. à gauche); pl. 30 (édit. 2.e, fig. à droite); pl. 35 *b*, *c*, *d*, *e*; pl. 36 *f*, *g*, *h*; pl. 59 *c*, *d*, *e*; pl. 68 *c*, *f*, *g*, *h*, *l*, *m*, *n*; pl. 69 *f*, *g*; pl. 81 *b*, *c*, *d*; pl. 100 *b*, *e*; pl. 160 *b*, *c*, *d*, *e*, *h*; pl. 170 *b*, *c*.
LAMOUROUX. Essai sur les genres de la famille des thallassiophytes. Paris, 1813; 1 vol. in-4°, 7 planches.	*Idem*........	Pl. 8, fig. 7; pl. 10, fig. 11.
ŒDER, MULLER, VAHL, HORNEMAN. *Flora danica.*	*Idem*	Pl. 1594, figure à droite.
STACKHOUSE. *Nereis britannica. Oxonii.* 1816; 1 vol. in-4.°, 2.e édit. 20 planches.	*Idem*	Pl. 7 *b*, *d*; pl. 13 *iii*; pl. 16 *ttt*.
SOWERBY. *English Botany.*	*Idem*	Pl. 1396 (fig. à droite); pl. 822, 1396, fig. 2; pl. 1837; pl. 1573; pl. 1882; pl. 847; pl. 1242, fig. 2; pl. 1248.
LIGHTFOOT. *Flora scotica*; 2 vol. in-8.° 1792.	*Idem*........	Pl. 23, fig. *a*.
LYNGBYE. *Tentamen hydrophytologiæ danicæ*; 1 vol. in-4.°, 70 planches, 1819.	*Idem*........	Pl. 2 *A*; pl. 3 *B*, 1, 2, 3; pl. 2 *C*, 1, 2; pl. 9 *B*, 2; pl. 10 *C*; pl. 12 *A*; pl. 17 *B*, 1.

2.e TABLEAU.

CONCEPTACLE : *développement complet de la fructification ; tuméfaction organique, renfermant les* séminules *ou corps reproducteurs des Thalassiophytes.*

NOMS DES AUTEURS et TITRES DES OUVRAGES.	FAMILLES auxquelles se rapportent les figures.	INDICATION des planches et des figures qui représentent les *conceptacles*.
DAWSON TURNER. (Ouvrage cité précéd.)	*Fucacées*.....	Pl. 3 *c*, *d*, *f*, *g* : pl. 4 *b*, *c*, *d*, *e*; pl. 7 *b*, *c*, *d*, *e*; pl. 24 *b*, *f*, *g*, *h*; pl. 88 *d*, *e*, *f*, *h*, *k*, *l*, *m*; pl. 89 *b*, *c*, *d*, *e*; pl. 90 *d*, *e*, *f*, *g*, *h*; pl. 91 *b*, *c*, *d*, *g*; pl. 196 *f*, *g*, *h*.
	Floridées.....	Pl. 5 *d*, *e*, *f*, *g*, *h*, *i*; pl. 9 *c*, *d*; pl. 14 *e*, *f*, *g*; pl. 15 *f*, *g*; pl. 20 *d*; pl. 21 *d*, *e*, *f*; pl. 22 *e*, *f*; pl. 28 *b*, *c*, *d*, *e*; pl. 29 (édit. 2.e, figure à droite); pl. 30 (édit. 2.e, figure à gauche); pl. 35 *f*, *g*, *h*, *i*; pl 36 *c*, *d*, *e*; pl. 37 *c*, *d*, *e*; pl. 70 *c*, *d*, *e*; pl. 72 *b*; *c*, *d*, *f*; pl. 80 *a*, *b*, *c*, *d*; pl. 81 *e*, *f*, *g*; pl. 84 *b*, *c*, *d*; pl. 100 *d*, *e*; pl. 101 *c*, *d*; pl. 122 *c*, *d*, *f*; pl. 160 *f*, *g*.
	Dictyotées....	Pl. 87 *c*, *d*, *e*.
LAMOUROUX. (Ouvrage cité précéd.)	*Floridées*	Pl. 8 ; fig. 6 ; pl. 10, fig. 9.
	Dictyotées....	Pl. 11 ; fig. 8, 9 ; pl. 12, fig. 3.
HORNEMAN. (Ouvrage cité précéd.)	*Floridées*	Pl. 276, 286, 709, 1127, 1476, 1593 (figure à gauche).
STACKHOUSE. (Ouvrage cité précéd.)	*Fucacées*.....	Pl. 1 *A*, *AA*, *C*; pl. 9 *CC*, *E*; pl. 10 *g*, *h*; pl. 11 *ff*.
	Floridées	Pl. 7 *a*, *b*; pl. 8 *c*, *d*, *e*; pl. 13 *k*, *l*; pl. 15 *cca*; pl. 16 *ss*; pl. 20 *h*; *i*.
	Dictyotées....	Pl. 6 *c*, *d*, *e*.
SOWERBY. (Ouvrage cité précéd.)	*Fucacées*.....	Pl. 1760, 2274 1, 2; pl. 2169, 823, 2115, 1066, 2114.
	Floridées	Pl. 1089, 1054, 1041, 1396 (figure à gauche) ; pl. 1120, 1965, 1966, 1241 1 ; pl. 1067, 773, 1069, 2134, 1478, 1202, 1668, 908, 1738, 645, 1574, 1881, 1242, fig. 1 ; pl. 571,
	Dictyotées....	Pl. 2570, 1913.
LIGHTFOOT. (Ouvrage cité précéd.)	*Floridées*.....	Pl. 30 *a*, *b*; pl. 32 *d*, *g*.
ROTH. *Catalecta botanica*; 3 vol. in-8.o, 1797 à 1806.	*Idem*	Vol. 3, pl. 1 *a*, *b*; pl. 4 *a*, *b*.
LYNGBYE. (Ouvrage cité précéd.)	*Fucacées*.....	Pl. 1 *A*, 2, 3, 4; pl. 1 *B*, 2; pl. 1 *C*, 2; pl. 1 *D*; pl. 8 *A*, 3, 4; pl. 8 *B*, 2, 3, 4.
	Floridées	Pl. 2 *B*, 5, 6, 7; pl. 2 *C*, 3, 4, 5; pl. 4 *D*, 2, 3, 4, 5; pl. 9 *B*, 3, 4; pl. 10 *D*; pl. 12 *B*, *C*; pl. 17 *B*, 2, 3.
	Ulvacées	Pl. 15 *A*, 2.

Ce double aspect de la fructification, qui est envisagé si diversement et qui se manifeste plus évidemment dans les *Floridées* que dans les autres familles, n'appartient pas exclusivement aux Thalassiophytes *Symphysistées;* il se fait aussi remarquer dans plusieurs espèces des Thalassiophytes *Diaphysistées.* L'organisation filamenteuse de ces dernières ne présentant point de surface plane, de réseaux cellulaires continus, les *Anthospermes* n'y sont point régulièrement éparses comme dans les premières; elles s'y trouvent disposées sérialement : ce sont de petits globules ou granules colorés, placés tantôt circulairement à l'axe du filament, vers l'*Endophragme* ou renforcement cellulaire transversal, comme on peut le voir à la figure 1 *B*, pl. 37 du *Tentamen* de Lyngbye, tantôt niché isolément dans chacun des *Endochromes* ou intervalles colorés, qui s'étendent d'une cloison transversale à une autre, comme aux figures 2 *A*, pl. 33 ; — 2 *B*, pl. 34; — 1, 2 *A*, pl. 35 du même ouvrage de Lyngbye, et à la fig. *B*, pl. 70 du *Synopsis* de Dillwyn, et à la pl. 1429 de l'*Engl. bot.;* elles se trouvent encore placées dans des cases membraneuses, disposées en un ou plusieurs rangs, et formant des appendices latéraux en forme de grappes, comme aux figures *d*, pl. 10 ; — *g*, pl. 11 ; — *e* et *f*, pl. 12 de l'*Historia fucorum* de Turner : à celle 1 *A*, pl. 38, de Lyngbye, et à la pl. 1164 de l'*Engl. bot.* Les *Conceptacles* sont des capsules sphériques ou ovoïdes, sessiles ou pédonculées, renfermant des petits grains, tantôt arrondis, tantôt pyriformes ou claviformes; ceux-ci sont les *Séminules* ou corpuscules reproducteurs : on peut prendre connoissance des uns et des autres aux figures 2 *A*, 2 *B*, 2 *C*, de la pl. 33 ; — 2 *A*, pl. 34; — 1, 2 *B*, 5 *D*, pl. 35 ; — 3 *A*, 3 *B*, pl. 37 de l'*Hydrophytol.* de Lyngbye, et aux planches 58, 70, fig. *C;* — 75 du *British confervæ* de Dillwyn. Les Conceptacles se présentent dans quelques espèces sous la forme comprimée d'un petit disque coloré, attaché latéralement aux ramules ou formant son extrémité, comme on peut le voir aux figures 2 *C*, 2 *A*, 3 *B*, pl. 39 ; — *B*, pl. 40 de Lyngbye ; — *C*, *D*, pl. 100, *C*, pl. 17 de Dillwyn.

Les Thalassiophytes diaphysistées faisoient partie autrefois du genre *Conferva*, et ont été circonscrites depuis sous le genre

Ceramium, Dec. L'organisation des Thalassiophytes *diaphysistées* se distingue de celle des Thalassiophytes *symphysistées* par des cellules ou cases alongées, tubuloïdes, disposées sérialement l'une au bout de l'autre. de manière que les points de soudure ou d'intersection forment des renflemens cloisonnaires transversaux (voyez les figures 2, 3, 4 *A*, pl. 51, — *B*, pl. 54, — 6, 7 *A*, *B* et *C*, pl. 40, — 2 *B*, pl. 38 de Lyngbye; pl. 80, 23, 54, 98 et 100 de Dillwyn). Ces lignes transversales, ces sortes de diaphragmes, avoient été improprement qualifiées du nom d'*Articulations*, et leurs intervalles de celui d'*Articles*, quoique ni l'un ni l'autre n'offrît aucune analogie réelle avec les parties qu'on nomme ainsi en zoologie. Nous avons cru nécessaire de substituer au nom d'*Articulation* celui d'*Endophragme*, et à *Article*, celui d'*Endochrome*, les intervalles, les sortes d'entre-nœuds tubuloïdes, étant en général intérieurement colorés. Les *Endochromes* et les *Endophragmes* sont les parties constituantes des Hydrophytes diaphysistées. Les Endophragmes forment ces lignes transversales, tantôt opaques, tantôt transparentes, que présentent plusieurs hydrophytes filamenteuses quand on les place entre l'œil et la lumière. Les *Endophragmes* limitent de distance en distance les intervalles tubuliformes, colorés ou hyalins, simples ou multiples, appelés *Endochromes*. Les Endochromes sont formés d'une membrane diaphane, continue, d'une texture gélatino-muqueuse, sans apparence d'organisation cellulaire. Cette membrane tubuloïde peut être comparée à une cellule étroite, très-alongée, comme cylindroïde; elle est hyaline; elle renferme intérieurement une matière pulvérulente, colorée, susceptible de contraction et de dilatation. Quand la dilatation a lieu, le tube se remplit; la matière colorée, pulvérulente, garnit la paroi intérieure de la membrane tubuleuse. Lorsque cette matière se contracte, elle quitte la paroi de la membrane, se retire vers l'axe central de l'Endochrome, y forme une ligne colorée et laisse transparente la circonférence du tube; ce qui a induit en erreur plusieurs observateurs et leur a fait croire qu'il existoit à l'intérieur de l'endochrome un second tube, qui renfermoit la matière pulvérulente, colorée ou Pulvisculaire; mais les divers aspects que présentent ces *pulviscules colorés* dans leur contraction, les coupes microscopiques que nous avons exécutées sur les endochromes de diverses espèces d'Hydrophytes, nous confirment dans l'opinion de la *non-duplicité* du tube gélatineux qui renferme la matière pulvisculaire.

Les Endochromes sont simples ou multiples : dans le premier cas ils forment une série linéaire de cases tubulaires, comme nous l'avons expliqué et démontré ci-dessus. Dans le second cas chaque Endochrome présente une réunion parallèle et concentrique de cases tubulaires ou elliptiques, soudées et groupées autour d'un axe commun, qui ne s'étend pas dans toute la longueur du filament, mais qui est limité à chaque endophragme, comme les membranes tubuleuses qui l'environnent. Cette disposition multiple des endochromes est ce que divers auteurs ont appelé *Veines* ou *Stries* (voyez les figures *B*, pl. 58, — *B*, pl. 70, — *C*, pl. 75 de Dillwyn; celles 2 *A*, 2 *B*, 2 *C*, pl. 33, — 1, 2 *A*, 1, 2 *B*, pl. 35 de Lyngbye, et 547, 1717, 1743, 2355, 2340, 2589 de l'*English botany*). Dans plusieurs espèces les cases tubulaires sont revêtues extérieurement d'un tissu cellulaire, ténu et dense, d'une sorte de parenchyme, qui donne à la partie extérieure des endochromes l'apparence d'un tissu continu, l'aspect d'une thalassiophyte symphysistée (voyez les figures 1, 2, 3 *C*, pl. 36, — *B*, pl. 31, — *B C*, pl. 38, Lyngbye; *B*, *C*, *D*, pl. 86, — *B*, pl. 52, — *C*, pl. 42, — *B*, *C*, pl. 36, Dillwyn; 1055, 1916, 1552, 1718, 1042, 2420, 1686, *English botany*). Les cellules de ce tissu épidermoïque, de ce parenchyme, sont, dans d'autres espèces, dilatées, arrondies, très-visibles vers les endophragmes; les endochromes sont alors simples et dilatés au centre (voyez les figures *B*, pl. 34, — *B*, pl. 38, Dillwyn; 1166, *English botany;* — 1 *B*, pl. 37, Lyngbye). C'est d'après ces divers modes d'organisation des Endochromes, combinés avec l'aspect de la Fructification que nous avons cru pouvoir subdiviser le plus naturellement possible les Thalassiophytes *diaphysistées* en groupes ou genres. Lyngbye, Agardh, Bonnemaison et Bory de Saint-Vincent, ont déjà entrepris ce travail de classification et proposé divers genres. Nous avons consulté et rapproché leurs estimables travaux, et lorsque les genres qu'ils ont établis se sont trouvés formés d'individus que je regarde, d'après les considérations ci-dessus exposées, comme congénères ou analogiquement et naturellement rapprochés, je me suis empressé de les adopter, ainsi que les noms qui les distinguent. Quant à ces derniers, nous avons tâché de donner la préférence aux plus antérieurs, aux plus généralement répandus et aux plus convenablement appliqués.

Nous avons extrait et séparé des Thalassiophytes, comme nous extrayons et séparons des Hydrophytes en général, les productions qui, quoique d'aspect filamenteux et phytoïde, présentent dans leurs filamens un assemblage de corpuscules, soit ponctiformes, soit ovoïdes, soit naviculaires, doués évidemment de mouvemens subits, *itératifs*, mesurés et volontaires; nous les avons classés, sous le nom de *Némazoaires*, aux confins du règne animal, ne pouvant admettre un règne intermédiaire, qui est plutôt une conception de l'esprit que l'expression d'une réalité, et, comme l'a dit M. De Candolle : « Les êtres qui nous semblent intermédiaires entre les animaux et les plantes, doivent plutôt être considérés comme « des témoignages de notre ignorance, que comme des « preuves de l'existence d'une classe particulière. » (Voyez les mots Némazoaires, Psychodiaires et Zoophytes, dans le Dictionnaire des sciences naturelles.)

La formation d'ordres ou de familles a été essayée par plusieurs auteurs. Celles des *Conferyées* et des *Céramiaires*, que l'on paroissoit disposé à adopter, ont le grave inconvénient d'être vaguement déterminées et de consacrer d'une manière plus générale des dénominations peu précises, sous lesquelles on a confondu si long-temps tant d'espèces disparates. Ces familles ne paroissent point basées sur la considération de l'organisation, puisque des Hydrophytes diaphysistées, dont les endochromes et les endophragmes sont recouverts d'un tissu parenchymateux, d'une sorte d'*écorce*, se trouvent amalgamés avec des espèces où ces parties caractéristiques sont à découvert; tels sont dans les *Céramiaires* de Bory la réunion des genres *Grateloupella*, *Boryna*, *Delisella*, avec le *Callithamnion*, le *Ceramium* et l'*Auduinella*, et dans les *Confervées* du même auteur, le rapprochement du *Sphacelaria* avec le *Conferva*. Les dénominations de *Céramiaires* et de *Confervées* sembleroient indiquer que l'on a pris dans chacune de ces farailles pour base des caractères les genres *Ceramium* et *Conferva*, tels qu'Agardh, Lyngbye et Bory lui-même les ont dernièrement circonscrits; mais le rapprochement des genres que nous venons de citer, prouve qu'il n'en a pas été ainsi et que l'on s'est affranchi de cette règle.

Sous le nom de *Confervoïdées*, Agardh a formé une famille de toutes les productions aquatiques, filamenteuses, articulées et cloisonnées, intérieurement ou extérieurement. Cette famille, encore plus générale que la section des Hydrophytes diaphysistées, renferme les *Batrachospermes*, les *Draparnaldies*, les *Oscillatoires*, d'autres *Némazoaires*, les *Characées* et les *Céramiaires*; elle nous paroît former une coupe encore moins naturelle et moins déterminée que les précédentes et ne peut servir à une subdivision méthodique.

Les sections de Lyngbye, sous les noms de *Stéréogonées* et de *Syphonigonées*, semblent offrir des divisions plus méthodiques, plus rapprochées de l'organisation des Hydrophytes *diaphysistées*, si on en excepte le genre *Lomentaria*; mais elles ne répondent point encore suffisamment à une connoissance plus approfondie de l'anatomie de ces êtres.

Bonnemaison, dans son Essai des *Hydrophytes loculées*, a pénétré plus avant dans cette organisation. Ses divisions générales sont constituées d'une manière fort naturelle. Sa section des *Épidermées* se compose des Hydrophytes dont l'axe diaphysisté, soit à endochromes simples, soit à endochromes multiples, est recouvert, comme nous l'avons indiqué ci-dessus, d'une sorte d'écorce déliée, d'un tissu celluleux et parenchymateux, qui semble en apparence lier ces Hydrophytes aux Hydrophytes symphysistées; mais la dénomination d'*Épidermées* que leur donne Bonnemaison, ne nous paroît pas assez précise, ni assez caractéristique par la raison qu'elle s'applique exclusivement à la membrane extérieure de tous les végétaux. Cette section, si on en excepte le genre *Ptilota*, que nous avons rapporté aux thalassiophytes symphysistées, réunit des êtres fort analogues d'organisation. Nous en formons dans les Thalassiophytes diaphysistées une famille sous le nom de PHLOMIDÉES. Nous réunissons toutes les Hydrophytes diaphysistées dépourvues de ce revêtement celluleux et continu en une autre famille, que nous nommons APHLOMIDÉES. Nous satisfaisons ainsi à ce précepte d'un de nos législateurs en phytologie, « que c'est moins sur l'apparence extérieure que sur la con- « noissance de la symétrie réelle des parties que doit résider « l'établissement des familles. »

Nous allons, pour l'exposition des genres que nous adoptons dans les THALASSIOPHYTES DIAPHYSISTÉES, suivre la même disposition et offrir les mêmes indications que pour les Thalassiophytes symphysistées. Nous ajouterons, à la suite des figures de chaque espèce, quelques-uns des synonymes des auteurs les plus usuels.

5.e *ORDRE*. APHLOMIDÉES.

XLIIIe Genre. CHLORONITUM, Nobis.

Démembrement du *Conferva*, Dillwyn, Agardh et Lyngbye, et du *Ceramium*, De Candolle (voyez ci-après ce genre). Nous réunissons sous le nom de *Chloronitum* les espèces marines *à filamens simples ou rameux, extérieurement hyalins, remplis intérieurement d'une matière corpusculaire verte, dilatable et rétractile, répartie dans les Endochromes simples, limités par des Endophragmes hyalins. Dans les échantillons frais la matière colorée pulvisculaire remplit l'Endochrome; secs, cette matière se rétracte vers les Endophragmes, l'Endochrome devient blanc et comprimé, ce qui donne aux filamens l'aspect brillant et soyeux qu'ils présentent dans cet état.* Nous avons reconnu dans plusieurs espèces assez disparates du genre *Conferva* des auteurs, que la matière intérieure colorée des Endochromes étoit animée; nous avons placé ces espèces dans divers genres de la classe des NÉMAZOAIRES (voyez ce mot dans le Dict. des scienc. nat.). N'ayant pu acquérir la certitude de l'animalité des corpuscules pulvisculaires des espèces du nouveau genre *Chloronitum*, nous le conservons dans les Thalassiophytes diaphysistées et nous le recommandons à l'attention des micrographes, prêt à le placer dans les *Némazoaires*, si des observations subséquentes et concluantes démontroient l'animalité de la matière corpusculaire verte des Endochromes.

Espèces.

ÆREUM, Lyngb., Hydroph., pl. 51; Dillw., pl. 80; Engl. bot., pl. 1929; Desmazières, Crypt., n.° 154. = Synonymes : *Conferva ærea*, Dillw., Lyngb., Agardh; *Ceramium capillare*, Decand.; *Conf. antennina*, Bory.

Rupestre, Dillw., pl. 23; Lyngb., pl. 54 *B;* Engl. bot., pl. 1699; Desmaz., Crypt., n.° 152; Chauv., Algues de la Normandie, 1, n.° 4. = Syn.: *Ceram. rupestre*, Dec.; *Conf. rupestris*, Dillw., Lyngb., Agardh.

Sericeum, Lyngb., pl. 53: Fl. Dan., pl. 651, fig. 1; Desmaz., Crypt., n.° 153. = Syn.: *Ceram. sericeum*, Decand.; *Conf. sericea*, Agardh, Lyngb., var. *marina*, Agardh.

Hutchinsiæ, Dillw., pl. 109. = Syn.: *Conf. hutchinsiæ*, Dillw.

Ægagropila, Lyngb., pl. 52; Dillw., pl. 87; Engl. bot., pl. 1377. = Syn.: *Conf. ægagropila*, Roth, Dillw., Agardh.

Pellucidum, Dillw., pl. 90; Engl. bot., pl. 1716. = Syn.: *Conf. pellucida*, Huds., Dillw., Sow., Agardh.; *Ceram. viride*, Lamx.

Proliferum, Roth, Cat., 1, pl. 3, fig. 2; = Syn.: *Conf. prolifera*, Roth, Cat., 3 (excl. les var.); Agardh; *Conf. catenata*, Desf., Fl. atl.

XLIV.ᵉ Genre. Ceramium, Bonnemaison et N.

Le nom de *Ceramium* fut employé d'abord par Roth pour désigner un genre dans lequel il avoit réuni des Thalassiophytes symphysistées et des diaphysistées. Les premières ont été réparties depuis principalement dans les genres *Gigartina*, *Plocamium* et *Ptilota;* les secondes ont en partie formé le genre *Ceramium* de De Candolle, dont on trouvera l'historique et les caractères au Dict. des scienc. natur., tom. VII, p. 422. Depuis cette publication, de nouvelles observations microscopiques sur la structure, l'organisation et la physiologie de ces êtres, ayant fourni des caractères plus précis, on vit Grateloup, Agardh, Lyngbye, Bonnemaison, Bory et Nous-même, démembrer ce groupe nombreux, en former de nouveaux genres et y intercaler des espèces nouvelles qui n'étoient pas parvenues à la connoissance du savant De Candolle. Ce démembrement a produit le *Chorda* et le *Dasytrichia* de Lamouroux, le *Boryna* de Grateloup, le *Sphacelaria* de Lyngbye, l'*Hutchinsia* et le *Griffithsia* d'Agardh, le *Ceramium* et le *Gaillona* de Bonnemaison, le *Chloronitum*, le *Rhodomela* et le *Lyngbya* de Nous.

D'après ce démembrement et l'établissement de ces divers genres, dont les caractères seront exposés sous leurs noms respectifs dans le présent résumé, nous regardons comme limitant le *Ceramium* et lui appartenant : *Les espèces rameuses et non rameuses, à endochromes simples, égaux à leurs extrémités, souvent fléchis ou sinueux au milieu, remplis d'une matière colorée purpurine, ayant pour fructification des élytres discoïdes, latéraux et sériaux, sessiles ou courtement pédicellés.* La couleur de ces élytres, dit Bonnemaison, dans son *Essai sur les Hydrophytes loculées*, est plus foncée que celle de la plante; tantôt leur intérieur n'offre qu'une masse homogène, tantôt un limbe transparent renferme une masse colorée et grumeleuse. Ce dernier état lui paroît postérieur au précédent et voisin d'une maturation prochaine, laquelle n'est complète que lorsque les séminules, variables dans leur forme et leur grosseur, deviennent distinctes, se disgrègent et, rompant leur enveloppe, vont opérer la reproduction de l'espèce. Ces deux aspects correspondent à l'état *Anthospermique* et à l'état *Conceptaculaire*. (Voyez ci-dessus page 29 à 37.)

D'après la nouvelle circonscription du genre *Ceramium*, les espèces ainsi dénommées par Stackhouse et Lyngbye n'appartiennent plus à ce genre et doivent être reportées aux *Rhodomela*, *Hutchinsia* et *Boryna*. On doit conserver du *Ceramium*, Bory, les espèces prises au *Callithamnion*, Lyngbye (voyez au Dict. des scienc. nat., t. XIX, p. 444), à l'exception du *Callithamnion corrallinum*, qui appartient au *Griffithsia*; les autres espèces rentrent dans le *Gaillona*. Le *Ceramium*, Lyngb., moins les espèces *elongatum* et *brachygonium*, est le *Boryna*, Grateloup. Quant au *Ceramium*, Agardh, tel qu'il est exposé dans son *Systema algarum*, les espèces de sa 1.re, 4.e et 5.e tribu (moins le *Secundatum*, n.° 8, qui appartient au *Boryna*), sont celles qui rentrent dans le genre *Ceramium*, tel que nous le définissons et que Bonnemaison l'a circonscrit; la seconde tribu du genre d'Agardh appartient au *Boryna*, Gratel., et la troisième au *Gaillona*, Bonnemaison.

Espèces.

Repens, Dillw., pl. 18; Engl. bot., pl. 1608; Fl. Dan., pl. 1665; Lyngb., pl. 40, fig. *B, C*; Desmaz., Crypt., n.° 212. = Synonymes : *Conf. repens*, Dillw., Roth; *Callithamnion repens*, Lyngb.

Pluma, Dillw., pl. suppl. *F.* = Syn.: *Conf. pluma*, Dillw.

Rothii, Dillw., pl. 73; Engl. bot., pl. 1702; Lyngb., pl. 41; = Syn.: *Conf. Rothii*, Dillw.; *Callitham. Rothii*, Lyngb.; *Conf. violacea*, Roth.

Roseum, Dillw., pl. 17; Lyngb., pl. 39; Engl. bot., pl. 996. = Syn.: *Conf. rosea*, Dillw.; *Ceram. roseum*, Roth; *Callitham. roseum*, Lyngb.

Corymbosum, Engl. bot., pl. 2352; Lyngb., pl. 38; Fl. Dan., pl. 1596., fig. 2; Chauv., Algues, n.° 33. = Syn.: *Conf. corymbosa*, Sow.; *Callitham. corymbosum*, Lyngb.; *Ceram. pedicellatum*, Fl. Dan.

Thuyoides, Engl. bot., pl. 2205. = Syn.: *Conf. thuyoides*, Engl. bot.

Felixii, Gaill.; Desmaz., Crypt., n.° 203. = Syn.: espèce inédite, entre la précédente et le *Roseum*.

Boreri, pl. 1741. = Syn.: *Conf. Boreri*, Sow. et Dillw.

Turneri, Dillw., pl. 100; Roth, Cat., 3, pl. 5; pl. 2339. = Syn.: *Conf. Turneri*, Dillw., Sow.; *Ceram. Turneri*, Roth.

Plumula, Ellis, Trans. phil., pl. 18; Dillw., pl. 50; Fl. Dan., pl. 828, fig. 1; Chauv., Algues, n.° 6. = Syn.: *Conf. plumula*, Ellis, Dillw.; *Callitham. plumula*, Lyngb.; *Conf. floccosa*, Fl. Dan.; *Cer. floccosum*, Roth.

Daviesii, Dillw., pl. suppl. *F*; pl. 2329; Lyngb., pl. 41 *B* 1. = Syn.: *Conf. Daviesii*, Dillw., Sow.; *Callitham. Daviesii*, Lyngb.

Tetricum, Dillw., pl. 81; Engl. bot., pl. 1919. = Syn.: *Conf. tetrica*, Dillw., Sow.

XLV.e Genre. Griffithsia, Agardh et Nobis.

Démembrement du *Conferva*, Dillw., et du *Ceramium*, Decand. (voyez le genre ci-dessus); réunion des *espèces rameuses, à endochromes simples, alongés, remplis d'une matière purpurine, ayant l'extrémité supérieure arrondie ou dilatée, l'inférieure rétrécie ou atténuée; fructification formée par des élytres agglomérés dans un mucilage souvent involucré.* Cette définition modifie et complète celle donnée au tome XIX, p. 443 du Dict. des scienc. nat., et réunit les mêmes espèces d'Agardh. Bonnemaison, prenant en considération la facilité avec laquelle ces espèces changeoient de nuance dans leur coloration, avoit donné à ce genre le nom de *Polychroma*, que, depuis, ce laborieux naturaliste a changé en celui de *Griffithsia*, qui consacre la mémoire de mistriss Griffiths, heureuse et célèbre investigatrice des plantes marines, en Angleterre.

Espèces.

Equisetifolia, Dillw., pl. 54; Engl. bot., pl. 1479; Esp., App., pl. 4; Chauv., Algues de la Normandie, n.° 34. = Synonymes: *Conf. equisetifolia*, Lightf., Dillw., Sow. et Esp.; *Ceram. equisetifolium*, Decand.

Casuarinæ, Engl. bot., pl. 1816 (pas exacte); Chauv., Alg. de la Norm., n.° 7. = Syn.: *Griffith. multifida*, Agardh; *Conf. multifida*, Sow.; *Ceram. casuarinæ*, Decand.

Setacea, Dillw., pl. 82; Engl. bot., pl. 1689; Ellis, pl. 18, fig. *e*; Chauv., Algues, n.° 8. = Syn.: *Conf. setacea*, Huds., Turn., Ellis, Dillw.; *Ceram. penicillatum*, Decand.

Barbata, Engl. bot., pl. 1814. = Syn.: *Conf. barbata*, Sow., Dillw.

Corallina, Dillw., pl. 98; Engl. bot., pl. 1815; Ellis, Trans. phil., pl. 18. = Syn.: *Conf. corallina*, Lightf., Roth, Sow., Dillw., Hook.; *Conf. geniculata*, Ellis; *Conf. corallinoides*, Linn., Huds.

Pedicellata, Dillw., pl. 108; Engl. bot., pl. 1817. = Syn.: *Conf. pedicellata*, Dillw., Sow.; *Ceram. pedicellatum*, Agardh.

XLVI.e Genre. Lyngbya, Nobis.

Ce nom a été d'abord appliqué par Agardh à un groupe d'espèces séparées du genre *Oscillatoria*, sous la seule différence du filament tranquille et dépourvu de mucus matrical. Des observations suivies et microscopiques nous ayant fait reconnoître dans les jeunes individus du *Lyngbya muralis*, Agardh, la faculté des mouvemens oscillans communs aux autres espèces du genre *Oscillatoria*, nous avons regardé le genre *Lyngbya*, Agardh, comme superflu. De plus, appartenant, par la nature des êtres qu'il renferme, aux Némazoaires (voyez ce mot dans le Dict. des scienc. nat., tom. XXXIV, p. 364 et 365), nous ne craignons pas de faire un double emploi dans les Hydrophytes, en substituant ce nom de *Lyngbya*, justement estimé en hydrophytologie, à celui d'*Ectocarpus*, que Lyngbye avoit donné à un groupe d'espèces extraites du *Conferva* des auteurs et du *Ceramium* de Roth (voyez ci-dessus le genre *Ceramium*). Le nom d'*Ectocarpus* (fructification extérieure), pouvant par sa signification être appliqué, comme l'a dit Bonnemaison, à tous les autres genres assez nombreux dont les élytres sont externes, ne peut convenir particulièrement ni exclusivement à celui-ci. Bonnemaison avoit proposé de le remplacer par celui de Macrocarpus (voyez tom. XXVII, p. 527, du Dict. des sc. nat.); mais ce dernier nom, de l'aveu même de Bonnemaison, n'étoit pas parfaitement exact, puisque la fructification s'offre tantôt sous une forme arrondie, tantôt sous une forme alongée. Nous croyons avoir répondu au désir des botanistes, en faisant pour Lyngbye ce que M. De Candolle fit, par la même raison, pour Vaucher, lorsqu'il changea judicieusement l'*Ectosperma* de cet auteur en *Vaucheria*.

Nous définirons le Lyngbya : *filamens très-ramifiés, plus déliés que des cheveux, presque toujours parasites, de couleur olivâtre ou jaunâtre, à Endochromes et à Endophragmes granuleux et variables; élytre extérieur latéral ou terminal, sessile ou pédiculé, sphérique ou alongé.*

M. Bory de Saint-Vincent a démembré ce genre, fort naturel, de manière à en former presque autant de nouveaux genres qu'il contient d'espèces, sous la seule considération de la fructification plus ou moins sessile, plus ou moins développée. De l'espèce qui a l'un des développemens de sa fructification alongée en silique, il forme un nouveau genre sous le nom de *Carpsicarpella*; il ne conserve même pas à cette espèce le nom spécifique *siliculosa* et lui substitue celui d'*elongata*. Cette marche, qui n'est pas tout-à-fait conforme aux règles botaniques, a le grave inconvénient de rompre tous les fils qui peuvent aider à se reconnoître dans le labyrinthe de la synonymie. Il y a probablement erreur typographique dans l'énoncé des espèces que M. Bory de Saint-Vincent attache ou sépare de ce genre; car il y mentionne l'*Ectocarpus littoralis*, Lyngbye, pl. 42, var. α, fig. *A*, et il en sépare la var. β, fig. B, de la même planche, qu'il dit appartenir à son genre *Pytayella*, tandis que plus bas il cite de nouveau cette même figure *B*, pl. 42, comme appartenant au genre *Ectocarpus*, réformé par lui. Agardh, loin de diviser les espèces de ce genre, a réuni en une seule, le *siliculosa* et le *littoralis*; c'est une confusion dont un examen fait sur plusieurs échantillons frais démontre évidemment l'erreur.

Espèces.

Littoralis, Dillw., pl. 31; Lyngb., pl. 42; Fl. Dan., pl. 1487, fig. 2; Chauv., Algues de la Norm., n.° 10. = Synonymes: *Conf. littoralis*, Huds., Lightf., Dillw.; *Ceram. tomentosum*, Roth; *Ceram. Mertensii*, Decand.; *Ectocarpus littoralis*, Lyngb., Bory.

Siliculosa, Dillw., pl. suppl. *E*; Lyngb., pl. 43; Roth, Cat., 1, pl. 8, fig. 3. = Syn.: *Conf. siliculosa*, Dillw., Sow.; *Ectocarp. siliculosus*, Lyngb., Agardh; *Ceram. confervoides*, Roth; *Carpsicarpella elongata*, Bory.

Tomentosa, Dillw., pl. 56; Lyngb., pl. 44; Spreng. in Berl. Mag., pl. 7, fig. 12. = Syn.: *Conf. tomentosa*, Dillw., Lightf., Spreng.; *Ceram. compactum*, Roth; *Auduinella funiformis*, Bory.

Densa, Lyngb., pl. 44. = Syn.: *Ceram. densum*, Roth.

6.e Ordre. PHLÓMIDÉES.

XLVII.e Genre. Boryna, Grateloup, N.

Démembrement des *Conferva* et *Ceramium* des auteurs (voyez ci-dessus ce dernier genre, page 43), réunion des espèces rameuses, à *Endochromes simples, recouverts partiellement d'un réseau très-mince; tissu cellulaire coloré, plus épais ou plus dense vers les Endophragmes; Anthospermes souvent fixées vers cette partie. Fructification Conceptaculaire, sphérique, sessile, souvent involucrée.*

Le genre *Ceramium*, Lyngbye, si on en excepte les espèces *elongatum* et *brachygonium*, la seconde tribu du *Ceramium*, Agardh, et le *Dictiderma* de Bonnemaison, constituent le genre *Boryna*, dédié depuis long-temps par Grateloup à M. Bory de Saint-Vincent. Nous n'admettons pas toutes les espèces désignées par M. Bory, plusieurs d'entre elles n'étant que des variétés des *Boryna rubra* et *diaphana*. La ligne de démarcation entre ces deux espèces est très-difficile à saisir, lorsque l'on n'a pu suivre leurs développemens dans tous les âges et dans diverses localités. On doit s'attacher, pour établir leurs différences dans les individus où elles se touchent, à la composition des Endochromes, qui sont, dans le *Boryna rubra*, formés de cellules colorées, petites et sphériques à la circonférence, s'élargissant, devenant ovoïdes et presque tubuleuses vers le centre, qui est transparent et dilaté; tandis que dans le *Boryna diaphana* l'Endochrome est presque hyalin et laisse distinguer difficilement des cellules. Les Endophragmes du *Boryna rubra* sont formées de petites cellules très-denses, et celles du *Boryna diaphana*, de cellules colorées plus lâches.

Espèces.

Diaphana, Dillw., pl. 38; Engl. bot., pl. 1742; Roth, Cat., 1, pl. 5, fig. 4; Lyngb., pl. 37 *B*; Chauv., Alg., n.° 5; = Synonymes: *Conf. diaphana*, Dillw., Roth; *Ceram. diaphanum*, Roth, Agardh, Lyngb.; *Ceram. axillare; Ceram. forcipatum*, var. *glabellum*, Decand.; *Boryna axillaris, elegans, diaphana*, Gratel.

Ciliata, Dillw., pl. 53; Engl. bot., pl. 2428; Ellis, Trans. phil., pl. 18, fig. *h*, Lyngb., pl. 37 *D*; Roth, Cat., 2, pl. 5, fig. 2; Desmaz., Crypt., n.° 156. = Syn.: *Conf. ciliata*, Ellis, Roth, Dillw.; *Ceram. ciliatum*, Ducl., Lyngb.; *Ceram. diaphanum*, var. *pilosum*, Agardh; *Ceram. for cipatum*, var. *ciliatum*, Decand.; *Conf. pilosa*, Roth; *Boryna ciliata*, Grat.; *Bor. forcipata*, Bory.

Rubra, Dillw., pl. 34; Fl. Dan., pl. 1482; Engl. bot., pl. 1166; Roth, Cat., 1, pl. 8, fig. 1; Lyngb., pl. 62 *C*, 1 (fragment couvert de *diatoma*); Desmaz., Crypt., n.° 155. = Syn.: *Ceram. virgatum*, Roth; *Cer. rubrum*, Agardh, Lyngb.; *Ceram. elongatum*, Roth; *Conf. rubra*, Dillw., Sow.; *Ceram. nodulosum*, Decand.; *Bor. nodulosa*, Grat.

Secundata, Lyngb., pl. 37. = Syn.: *Ceram. secundatum*, Lyngb.; *Ceram. pedicellatum*, Decand.

XLVIII.e Genre. Gaillona, Bonnemaison.

Démembrement des *Conferva* et *Ceramium* des auteurs (voyez ce dernier genre, page 43), réunion des *espèces rameuses, pourprées, à Endochromes composés, formant au centre un axe fortement cloisonné de distance en distance, recouvert extérieurement dans la tige et les ramifications principales d'un tissu cellulaire, alongé, coloré, épais ou dense; les ramules sont dépourvues de ce revêtement ou n'en ont qu'un très-léger vers les endophragmes, ce qui leur donne l'aspect d'un Ceramium. Anthospermes en granules sériales dans une membrane ovoïde ou siliquiforme. Fructification Conceptaculaire, de forme ovale, obronde ou urcéolée.*

Ce genre avoit été dédié au docteur Grateloup par Bonnemaison, dans son Essai sur les *Hydrophytes loculées;* mais, depuis, ayant eu connoissance qu'Agardh avoit publié, dans son *Species algarum*, un genre *Grateloupia*, faisant partie des Thalassiophytes symphysistées et généralement adopté par les botanistes (voyez à la page 361), Bonnemaison donna au genre *Grateloupia* le nom de *Gaillona*. Les espèces qui le composent sont placées par Lyngbye dans son *Callithamnion;* M. Bory les avoit exclusivement conservées sous ce dernier nom dans ses Céramiaires. Ces espèces formoient la troisième tribu du *Ceramium*, Agardh, moins le n.° 19 qui appartient au genre *Griffithsia* (voyez à la page 45); la quatrième espèce de son *Hutchinsia* appartient aussi au présent genre.

Espèces.

Arbuscula, Dillw., pl. 85, suppl. *G;* Lyngb., pl. 34 *A;* Engl. bot., pl. 1916. = Synonymes : *Conf. arbuscula*, Dillw.; *Ceram. arbuscula*, Ag.; *Callith. arbuscula*, Lyngb.; *Callith. Lyngbii*, Bory.

Coccinea, Dillw., pl. 36, suppl. pl. *G;* Ellis, Trans. phil., pl. 18, fig.

c, o; Engl. bot., pl. 1055; Roth, Cat., 2, pl. 4; Desmaz., Crypt., n.° 107. = Syn. : *conf. coccinea*, Dillw., Sow.; *Conf. plumosa*, Ellis, Lightf.; *Ceram. hirsutum*, Roth; *Ceram. coccineum*, Lyngb.; *Hutchinsia coccinea*, Agardh.

Hookeri, Dillw., pl. 106. =Syn. : *Conf. Hookeri*, Dillw., *Ceram. Hookeri*, Agardh, Hooker.

Granulata, non figuré. = Syn. : *Ceram. granulatum*, Ducl.; *Gaillona punctata*, Bonnem.

XLIX.e Genre. Hutchinsia, Agardh, Lyngb., N.

Un des genres les plus naturels, formé aux dépens des *Conferva* et des *Ceramium* des auteurs, dédié par Agardh à miss Hutchins, infatigable investigatrice de la botanique marine, en Angleterre, enlevée aux sciences en 1814. Nous modifions de la manière suivante les caractères exposés au mot Hutchinsia, dans le Dict. des sc. nat., t. XXII, p. 60 : *Espèces rameuses, cylindriques, à Endochromes multiples, ayant l'apparence de cases tubulaires ou de stries réunies autour d'un axe commun, colorées intérieurement en brun verdâtre ou en rouge foncé, tiges principales recouvertes, dans un âge avancé et dans quelques espèces, de petites cellules ovoïdes, qui ne sont qu'une dégradation des tubulures constituant les Endochromes; Anthospermes, ou premier développement floral de la fructification, en granules colorées et globulaires, incrustées d'une manière sériale dans la longueur des extrémités renflées des ramules; Conceptacles sessiles, arrondis à la base, pointus ou tronqués à l'extrémité, garnis de quelques séminules pyriformes.*

Il faut seulement extraire des espèces réunies par Agardh l'*Hutchinsia coccinea*, qui appartient au *Gaillona*, et ajouter à celles réunies par Lyngbye son *Ceramium elongatum*; le *Ceramium brachygonium* de celui-ci est l'*Hutchinsia elongata* dépourvu de ses nombreuses ramules. Bonnemaison a reconnu l'intégrité de l'*Hutchinsia*, mais il lui a donné le nom de *Grammita*. Bory de Saint-Vincent a voulu le subdiviser en quatre genres, *Hutchinsia*, *Dicarpella*, *Brogniartella* et *Grateloupella*; il admet pour le premier les caractères que nous venons d'exposer, qui sont pourtant communs aux espèces dont il forme les trois autres. Il distingue le *Dicarpella* par une tache de matière colorante au centre de chaque Endochrome comme dans l'*Hutchinsia fastigiata*, mais il y adjoint d'autres espèces, telles que l'*Hutchinsia fucoides*, où cette tache n'existe pas. Le *Brongniartella*, basé sur l'*Hutchinsia byssoides*, diffère, selon Bory, par les rameaux fructifères, portant dans leurs endochromes des gemmes ovoïdes qui leur donnent l'aspect d'une gousse de légumineuses. Cet aspect est l'état Anthospermique commun à toutes les espèces du genre *Hutchinsia*, auquel succède, dans celle-ci comme dans les autres, le conceptacle ovoïde, pointu ou tronqué. Le *Grateloupella* auroit, suivant Bory, les capsules groupées à l'extrémité des rameaux; mais c'est une disposition qui n'est pas constante, qui conviendroit tout au plus à un caractère spécifique et qui est commune à plusieurs autres espèces d'*Hutchinsia*. Nous ferons observer de plus que l'espèce qui sert de type à M. Bory pour son *Grateloupella* est le *Ceramium brachygonium*, Lyngbye, qui n'est, comme nous l'avons déjà dit, que l'*Hutchinsia elongata* dénudé de ses fines ramules. Deux excès sont à éviter dans la formation des genres, a dit M. De Candolle; nous avons signalé le premier dans les thalassiophytes, à propos du genre *Sphærococcus* d'Agardh, où se trouvent agglomérés ensemble, tant bien que mal, des êtres très-disparates: on aperçoit ici le second, qui est la subdivision à l'infini des genres connus, qui conduiroit à faire, à notre volonté, autant de genres que nous avons d'espèces. *Le caractère ne fait pas le genre* est une régle Linnéenne que tout naturaliste, dit M. De Candolle, doit avoir perpétuellement devant les yeux.

Espèces.

Fucoïdes, Dillw., pl. 75; Lyngb., pl. 35 *A*, *B*; Roth, Cat., 1, pl. 8, fig. 2; Engl. bot., pl. 1743 et 1717; Chauv., Alg., n.° 62 (*nigrescens*). = Synonymes: *Conf. fucoides*, Huds., Dillw.; *Ceram. fucoides*, Dec.; *Hutchinsia violacea*, Agardh, Lyngb.; *Hutchins. nigrescens*, Agardh; *Dicarpella violacea*, Bory.

Atrorubescens, Dillw., pl. 70. = Syn.: *Conf. atrorubescens*, Dillw.; *Conf. nigra*, Dillw., Huds.

Patens, Dillw., pl. suppl. *G*. = Syn.: *Conf. patens*, Dillw.

Stricta, Fl. Dan., pl. 1666; Lyngb., pl. 36 (mauvaise); Dillw., pl. 40. = Syn.: *Conf. stricta*, Dillw., Fl. Dan.

Urceolata, Lyngb., pl. 34 *A*. = Syn.: *Conf. recurvata*, Agardh.

Brodiæi, Dillw., pl. 107; Lyngb., pl. 33 *B*; pl. 2589; Chauv., Alg., n.° 61 (*violacea*). = Syn.: *Conf. brodiæi*, Dillw., Sow.; *Hutchins. penicillata*, Ag.; *Hutch. brodiæi*, Lyngb., Ag., Bory.

FASTIGIATA, Dillw., pl. 44; Lyngb., pl. 33 *A*; Engl. bot., pl. 1764; Fl. Dan., pl. 395; Chauv., Alg., n.° 35. = Syn. : *Conf. polymorpha*, Lightf., Dillw., Sow.; *Ceram. fastigiatum*, Roth; *Ceram. polymorphum*, Dec.; *Dicarpella fastigiata*, Bory.

MOSTINGII, Lyngb., pl. 36; Engl. bot., pl. 1429. = Syn. : *Conf. parasitica*, Dillw., Sow.; *Hutch. parasitica*, Ag.

BYSSOÏDES. Dillw., pl. 58; Lyngb., pl 34; Engl. bot., pl. 597; Chauv., Alg., n.° 9. = Syn. : *Conf. byssoides*, Dillw., Sow.; *Fuc. byssoides*, Trans. linn.; *Ceram. byssoides*, Decand.; *Ceram. molle*, Roth; *Brongniartella elegans*, Bory.

WULFENII, Turn., Hist., pl. 227; Engl. bot., pl. 1686; Wulf., Coll.; Jacq., pl. 16, fig. 1. = Syn. : *Ceram. Wulfenii*, Roth; *Fuc. fruticulosus*, Wulf., Sow., Turn.

ELONGATA, Dillw., pl. 33; Lyngb., pl. 36; Engl. bot., pl. 2429; Lyngb., pl. 35 *D*? *Conf. elongata*, Dillw., Sow.; *Ceram. elongatum*, Roth, Dec., Lyngb.; *Ceram. brachygonium*, Lyngb., *Hutch. strictoides*, Lyngb.; *Fuc. diffusus*, Huds., Trans. linn.; *Grateloupella brachygonium*, Bory.

L.e Genre. SPHACELARIA, Lyngb., Ag., Bonnem., N.

Genre formé par Lyngbye aux dépens du *Conferva* et *Ceramium* des auteurs, et ainsi nommé sur la considération des espèces qui offrent, au sommet des tiges et des rameaux, un renflement obtus, noirâtre ou sphacelé. Ce point gangréneux, dit Bonnemaison, examiné au microscope, devient transparent, et paroît renfermer une poussière très-ténue, plus ou moins abondante. L'organisation des espèces qui composent ce genre fort naturel, nous a paru toute particulière et différente de celle des autres genres. Ce sont en partie des filamens flexueux, dont les corpuscules pulvisculaires colorés se disposent régulièrement de distance en distance en macules qui ont l'apparence d'endochromes. Plusieurs de ces filamens, rapprochés, soudés ou entortillés, forment la tige ou les rameaux; ce n'est que dans les ramules que l'on aperçoit le filament dans son état de simplicité, encore a-t-il déjà une tendance à se multiplier. Les espèces du *Sphacelaria* sont *rameuses, olivâtres, pinnées, distiques, à Endochromes indéterminés, indiqués par des macules, formés par des filamens flexueux rapprochés ou entortillés, dont les Endophragmes sont très-déliés et à peine visibles. Les Endochromes sont simples dans les jeunes ramules, multiples et parenchymateux dans la tige et les rameaux principaux. Double aspect de fructification; disque sessile, transparent à la circonférence*, que je considère comme les *Anthospermes*; *conceptacle terminal.*

M. Bory de Saint-Vincent a essayé de subdiviser ce genre en trois autres; il a conservé le nom de *Sphacelaria* aux échantillons qui avoient à leur extrémité le renflement conceptaculaire noirâtre; il a donné le nom de *Lyngbyella* aux échantillons dont les macules de matière colorante s'étendoient longitudinalement dans les Endochromes; et enfin, il a appelé *Delisella* ceux qui présentoient ces disques sessiles, transparens à la circonférence, que nous avons signalés pour Anthospermes ou développement floral et incomplet de la fructification. Ces divers groupes, que M. Bory semble avoir voulu différencier davantage en en plaçant deux dans ses *Confervées* et un dans ses *Céramiaires*, ne peuvent soutenir un examen sérieux. L'exposé que nous avons donné de l'organisation générale des espèces du *Sphacelaria*, prouve que les macules varient et augmentent suivant l'âge de l'individu et la multiplicité des filamens qui le constituent; qu'elles ne peuvent servir de base à des caractères génériques, pas plus que les Anthospermes discoïdes, que l'on rencontre quelquefois sur le même échantillon avec les renflemens Conceptaculaires terminaux.

Espèces.

Scoparia, Dillw., pl. 52; Lyngb., pl. 31 *B*; Engl. bot., pl. 1552; Desmaz., Crypt., n.° 151. = Synonymes : *Conf. scoparia*, Lightf., Dillw. et Sow.; *Ceram. scoparium*, Roth, Decand.

Disticha, Lyngb., pl. 31. = Syn. : *Conf. disticha*, Vahl; *Sphacelaria filicina*, Agardh.

Pennata, Dillw., pl. 86; Lyngb., pl. 31 *C*; Fl. Dan., pl. 1486, fig. 2; Chauv., Alg., n.° 36. = Syn. : *Conf. pennata*, Dillw.; *Conf. cirrhosa*, Roth; *Sphacelaria cirrhosa*, Agardh; *Delisella pennata*, Bory.

Plumosa, Lyngb., pl. 30 *C*; Engl. bot., pl. 2330; Fl. Dan., pl. 1481; Chauv., Alg., n.° 11. = Syn. : *Conf. pennata*, Sow.; *Ceram. pennatum*, Roth, Fl. Dan.

Scoparioides, Lyngb., pl. 32 *C*.

Spinulosa, Lyngb., pl. 32 *B*.

LIe Genre. Dasytrichia, Lamouroux, Bonnem., N.

Ce genre, formé par Lamouroux aux dépens des *Conferva* et *Ceramium* des auteurs, et adopté par Bonnemaison dans son *Essai des Hydrophytes*, a été nommé par Lyngbye et Agardh *Cladostephus*, de la disposition des rameaux, dans quelques espèces, en couronnes ou verticilles. La préférence que nous donnons au nom *Dasytrichia* (très-velu, comme laineux), est une conséquence de l'antériorité de ce nom, employé depuis long-temps dans les herbiers de France. Il nous paroît aussi convenir plus généralement au *facies* des espèces, qui sont *d'aspect laineux, de couleur olivâtre, à rameaux lâches, diffus, souvent trichotomes, couverts de ramules imbriqués ou verticillés, atténués à la base; à Endochromes et Endophragmes obscurs, souvent recouverts d'un parenchyme épais, cellulo-corpusculaire; à fructification rare, mais ovoïde, pédicellée et latérale.* L'anatomie microscopique de ces espèces présente au centre de la tige principale un faisceau de petits tubes hyalins, légèrement cloisonnés de distance en distance, constituant des endochromes multiples, internes, recouverts extérieurement de très-petites cellules corpusculaires, alongées, n'affectant point de forme déterminée dans leur arrangement, s'étendant comme une sorte d'écorce ou de parenchyme autour de l'axe central. C'est de cette enveloppe cellulo-corpusculaire que sortent les ramules; c'est dans ce parenchyme cortical que se forme de distance en distance une accrétion de matière colorée en forme de zone circulaire: ce sont ces cercles d'une coloration plus dense qui donnent à la tige et aux rameaux, lorsqu'on les examine à la loupe, et qu'on les place entre l'œil et la lumière, l'aspect obscurément cloisonné.

M. Bory de Saint-Vincent, qui avoit préféré le nom de *Cladostephus* à celui plus ancien de *Dasytrichia*, imposé par feu son célèbre et laborieux compatriote, et adopté par Bonnemaison, a placé ce genre dans sa famille des *Chaodinées*, à la suite des genres *Batrachospermum* et *Draparnaldia*, comme ayant *une grande analogie* avec ce dernier (voyez le Dict. des sc. nat., tom. XII, p. 501, et tom. XXXIV, p. 373). Un tel rapprochement de la part d'un naturaliste habitué depuis trente ans à l'usage du microscope, a lieu de surprendre tous les botanistes, même ceux qui ne se servent que de la loupe. Toutefois il est juste de dire que M. Bory espère pouvoir faire passer ce genre dans ses *Céramiaires*, aussitôt que la fructification lui en sera connue. Il ajoute que l'espèce principale

(*Dasytrichia verticillata*), *n'adhérant pas au papier* sur lequel on l'a préparée, indique déjà qu'elle s'éloigne des autres *Chaodinées*, qui toutes ont éminemment cette propriété.

Espèces.

VERTICILLATA, Dillw., pl. 55; Lyngb., pl. 30, *B*; Engl. bot., pl. 1718 et 2427, fig. 2; Wulf., Crypt. aq., pl. 1; Chauv., Alg., n.° 37. = Synonymes : *Conf. verticillata*, Lightf., Dillw., Sow.; *Fuc. verticillatus*, Wulf.; *Ceram. verticillatum*, Dec.; *Cladostephus verticillatus*, Lyngb.; *Cladost. myriophyllum*, Ag.

SPONGIOSA, Dillw., pl. 42; Engl. bot., pl. 427, fig. 1; Esper, pl. 28; Chauv., Alg., n.° 13. = Syn. : *Conf. spongiosa*, Roth, Dillw., Sow.; *Fuc. hirsutus*, Esper; *Cladost. spongiosus*, Agardh.

LII.e Genre. RHODOMELA, Nobis.

Agardh désigne, dans son *Systema algarum*, sous le nom de *Rhodomela*, des espèces de *Ceramium* (voyez ce genre p. 43) dont les Anthospermes, ou premier développement de la fructification, sont en grappe siliqueuse, gloméruleuse, qu'il appelle *lomentules*. Sous cette seule considération il réunit des espèces de Thalassiophytes symphysistées planes et à nervures, avec des thalassiophytes diaphysistées à tiges cylindriques (voyez tome XLV, page 406 du Dictionnaire des sciences naturelles). Nous avons extrait du genre *Rhodomela* d'Agardh les Thalassiophytes symphysistées qui forment sa première et seconde section, et nous les avons réparties dans divers genres de la classe des Symphysistées; tels que l'*Odonthalia*, le *Delisea*, le *Dictyopteris*, etc. Nous conservons sous le nom de *Rhodomela*, dans les Diaphysistées, les espèces de sa troisième section, *à tiges rameuses*, *filiformes*, *à anthospermes lomentuleuses*, *à conceptacles ovoïdes ou globuleux*, *dont l'organisation offre intérieurement de grandes cases ou cellules ovoïdes*, *formant par leur disposition et leur égalité des Endochromes complexes*, *dont les parois*, *se terminant et s'anastomosant à des distances régulières*, *présentent comme des Endophragmes à travers le parenchyme celluleux qui les recouvre.* Ce genre est le passage des Thalassiophytes diaphysistées aux symphysistées; comme le genre *Ptilota* (voyez à la page 21) est le passage des Thalassiophytes symphysistées aux diaphysistées. Aussi voit-on le *Rhodomela pinastroïdes*, qui est le type du présent genre, avoir été placé, ainsi que le *Rhodomela subfusca*, par les auteurs, tantôt dans les *Fucus*, tantôt dans les *Ceramium*.

Les espèces qui composent notre *Rhodomela* avoient été intercalées par Lyngbye dans son *Gigartina;* Agardh, avant d'en faire la troisième section de son genre *Rhodomela*, en avoit placé quelques-unes dans son genre *Rytiphlea*, qu'il a depuis basé dans son *Systema* sur le *Fucus purpureus*, Turn., pl. 224. Ce dernier genre, voisin de l'*Hutchinsia* et du *Rhodomela*, n'offre pas, dans Agardh, des caractères assez distincts de ceux de ces deux genres; il demande à être étudié anatomiquement, et, mieux déterminé, il pourra être adopté. (Voyez Rytiphlea, tom. XLVI, p. 473, du Dict. des scienc. natur.)

Espèces.

Pinastroides, Turn., Hist., pl. 11; Stackh., Ner., pl. 13; Engl. bot., pl. 1402. = Synonymes : *Fuc. pinastroides*, Turn., Stackh., Sow.; *Fuc. incurvus*, Huds.; *Ceram. incurvum*, Dec.; *Gigart. pinastroides*, Lyngb.

Lycopodioides, Turn., Hist., pl. 12; Engl. bot., pl. 1163; Fl. Dan., pl. 357. = Syn.: *Fuc. lycopodioides*, Turn., Sow.; *Conf. squarrosa*, Fl. Dan.; *Gigart. lycopodioides*, Lyngb.

Subfusca, Turn., pl. 10; Engl. bot., pl. 1164; Fl. Dan., pl. 1543; Esp., pl. 117; Lyngb., pl. 10 et 11 *A*; Stackh., pl. 19. = Syn : *Fuc. subfuscus*, Turn., Esp., Sow., Stackh.; *Fuc. variabilis*, Trans. linn.; *Ceram. tortuosum*, Ducl.; *Gigart. subfusca*, Lamx., Lyngb.

LIII.e Genre. Champia, Desv., Lamx., Agardh.

Ce genre, que Lamouroux considéroit comme intermédiaire aux deux grandes divisions Symphysistées et Diaphysistées, avoit été provisoirement placé par lui dans la première, à la fin de l'ordre des *Floridées;* Agardh, en considération des articulations que présentent les tiges, a placé ce genre dans l'ordre des *Confervoïdes*, section des *Céramiées;* Bory de Saint-Vincent l'a considéré comme un passage des *Ulvacées* aux *Confervées*. Il est à désirer que des échantillons frais de l'espèce des mers d'Afrique, qui fait la base de ce genre, permettent de s'assurer d'une manière positive de l'organisation de cette thalassiophyte. En attendant nous pensons, d'après la description très-détaillée que Roth a donnée de cette plante dans le 3.e vol. de son *Catalecta bot.*, p. 318, et d'après les détails microscopiques figurés par le célèbre Mertens, planche 10 du même ouvrage, que ce genre appartient, dans les thalassiophytes diaphysistées, à l'ordre des *Aphlomidées;* et que les grains ovoïdes situés dans les papilles nombreuses qui entourent les tiges, et les rameaux tubuleux et cloisonnés de cette plante, ne sont que les *Anthospermes* de la fructification, de sorte que le conceptacle ou développement complet de la fructification nous seroit encore inconnu. (Voyez tome VIII, p. 100, du Dict. des scienc. nat.)

Espèce.

LUMBRICALIS, Roth, Cat., pl. 10; Thunberg, in Nov. Journ. Schrad., pl. 16. = Syn.: *Mertensia lumbricalis,* Thunb., Roth.

LIVe G. CHORDA, Lamx., Lyngb.

La considération du tissu celluleux qui forme la partie extérieure de l'espèce principale de ce genre avoit déterminé Lamouroux à le classer dans les Thalassiophytes symphysistées. La couleur jaune-olivâtre des tiges tubuleuses, leur différence d'organisation avec celle des autres familles de la même classe, l'avoit engagé à placer ce genre dans les *Fucacées;* mais les diaphragmes ou cloisons horizontales qui interceptent intérieurement, de distance en distance, la continuité de ces tiges tubuleuses, nous font un devoir de le placer dans les thalassiophytes diaphysistées; ce genre est caractérisé par des tiges arrondies, simples, de la grosseur d'une corde de boyau, tubuleuses, atténuées à l'extrémité supérieure, et cloisonnées intérieurement de distance en distance. Ces cloisons sont formées de fils horizontaux qui partent de la paroi intérieure du tube; cette partie est formée d'un tissu filamenteux et mucilagineux. La partie extérieure du tube, qui se tord souvent, est formée d'un tissu celluleux, dans les alvéoles duquel se développent des corpuscules claviformes, que l'on considère comme les séminules reproducteurs. On peut avoir une idée fort exacte des détails microscopiques de l'organisation interne de l'espèce principale de ce genre, en consultant l'excellente figure de l'*English botany*, pl. 2487; seulement il est à regretter qu'on ait omis d'y figurer une des cloisons transversales. Lyngbye a donné aussi, pl. 18 *C*, une bonne figure qui représente, grossies, les séminules qui couvrent la fronde.

Agardh avoit d'abord placé et désigné, dans son *Synopsis*, le *Chorda filum* comme appartenant au *Chordaria* de Link; depuis, Agardh a fait de cette espèce la base de son genre *Scytosiphon*, et a cité comme variétés des espèces très-distinctes de Lyngbye. Ce genre *Scytosiphon* d'Agardh, qui ne peut être admis, diffère aussi de celui de Lyngbye, dont les principales espèces appartiennent aux genres *Ilea*, *Gigartina* et *Sporochnus* (voyez ci-dessus aux *Thalass. symph.* ces divers genres, et le tom. XLVIII, pag. 250, de ce Dictionnaire).

Espèces.

Filum, Turn., pl. 86; Engl. bot., pl. 2487; Fl. Dan., pl. 821; Esper, pl. 22; Stackh., pl. 10; Lyngb., pl. 18 *C, D*; Desmaz., Crypt., n.° 63. = Syn : *Fuc. filum*, Turn., Sow., Huds.; *Ceram. filum*, Roth, Decand.; *Flagellaria filum*, Stackh.; *Chordaria filum*, Link; *Scytosiphon filum*, Agardh.

Lomentaria, Lyngb., pl. 18 *E.* = Syn.: *Scytosiphon. filum*, var. γ, Ag.

Tomentosa, Lyngb., pl. 19 *A.* = Syn.: *Scytosiphon. filum*, var. γ, Ag.

Après cet exposé de la Classification des *Thalassiophytes*, nous nous étions flatté de l'espoir de dépasser la spécialité du titre de ce résumé, en traitant des *Naïophytes* ou productions végétales des eaux douces, ce qui eût offert à nos lecteurs un aperçu complet des *Hydrophytes*, dont l'article n'a pas été traité dans le Dictionnaire des sciences naturelles; mais les nombreux détails dans lesquels nous serions forcés d'entrer pour démontrer la nécessité de séparer des végétaux un grand nombre d'individus que des expériences journalières prouvent d'une manière évidente devoir appartenir au règne animal, nous obligent à conserver pour un article supplémentaire, et à renvoyer au mot Zoophytes (même Dictionnaire) les débats, les objections et les faits nouveaux que nous avons à exposer pour éclaircir cette matière. Nous aurions voulu à ce sujet pouvoir présenter l'analyse des *Recherches microscopiques et physiologiques* de M. Desmazières, de Lille, sur l'animalité du genre *Mycoderma*, jusqu'alors rapporté à la famille des champignons; les observations du savant Lyngbye sur l'animalité des *Oscillatoria majuscula*, *confervicola* et du *Bangia quadripunctata* de cet auteur; celles de Bonnemaison sur le *Girodella co-*

N.° 1. TABLEAU SYNOPTIQUE ET MÉTHODIQUE DES GENRES DES THALASSIOPHYTES EXPOSÉS DANS LE PRÉCÉDENT TRAVAIL.

N.° 2. *Tableau synoptique des Genres des* HYDROPHYTES MARINES, *d'après la méthode de Lyngbye, avec concordance aux Genres de Thalassiophytes du tableau n.° 1.*

N.° 3. *Tableau synoptique des Genres des* ALGUES MARINES, *d'après le système d'Agardh, avec concordance aux Genres de Thalassiophytes du tableau n.° 1.*

N.° 1. TABLEAU SYNOPTIQUE ET MÉTHOD

DES

GENRES DES THALASSIOPHYTES

EXPOSÉS DANS LE PRÉCÉDENT RÉSUMÉ.

THALASSIOPHYTES ou HYDROPHYTES MARINES.

SYMPHYSISTÉES.

A tissu cellulaire intérieurement et extérieurement continu, sans diaphragme transversal.

1.er Ordre. FUCACÉES.

Frondes planes, comprimées ou arrondies, d'organisation ligneuse ou fibreuse, de couleur olivâtre, noircissant promptement à l'air, ou déchirant longitudinalement avec beaucoup de facilité, ayant généralement la fructification dans des renflemens situés et étendus à l'extrémité de la fronde, et, dans quelques genres seulement, sur toute leur surface.

- plane . . . . Fu / La / Ag / Du / Os
- comprimée . . Sa / Ha / Cy / Hi / De
- arrondie . . Fu

2.e Ordre. FLORIDÉES.

Frondes planes, comprimées ou arrondies, d'une organisation cellulaire, analogue à celle des corolles des phanérogames; cellules très-petites et égales, réfléchissant les couleurs pourpre, brune ou rosée, dont l'intensité diminue par l'action des fluides atmosphériques. Fructification circonscrite dans des tuméfactions sphériques ou hémisphériques, sessiles ou pédonculées, situées sur la fronde ou sur les rameaux, se présentant souvent sous deux aspects anthospermiques et conceptaculaires. (Voyez la pag. 11.)

- plane . . . . Cl / De / Od / De / Da / Ha / Ch / Pt
- comprimée . . Gr / Ge / La / Pl / Ac / Hy
- arrondie . . Du / Gi / Po / Sp / Lo / Bo

3.e Ordre. DICTYOTÉES.

Frondes planes ou comprimées, d'aspect foliacé, à organisation réticulée, à cellules présentant presque toujours une forme carrée ou hexagone, de couleur vert-jaunâtre, ne noircissant jamais à l'air, ayant la fructification en apparence graniforme, éparse sur la fronde et souvent disposée sérialement.

- . . . . Am / Dic / Dic / Pa / Asp

4.e Ordre. ULVACÉES.

Fronde plane ou tubuleuse, d'aspect papyracé, de couleur verte, jaunissant ou blanchissant à l'air, quelques-unes violettes à surface vernissée. Fructification nichée çà et là dans le tissu cellulaire.

- plane . . . . Fla / Ulv / Ca
- tubuleuse . . Ile / Bry / Spo

DIAPHYSISTÉES.

A cloisons ou renforcemens cellulaires, transversaux, internes, qui donnent aux filamens dans leur continuité longitudinale une apparence d'interruption ou obstruction transversale.

5.e Ordre. APHLOMIDÉES.

Frondes filamenteuses simples ou rameuses, à cloisons transversales ou endophragmes visibles de distance en distance, dont les endochromes ou intervalles, colorés entre chaque endophragme, ne sont pas recouverts d'un tissu continu celluleux ou parenchymateux.

- . . . . Ch / Ce / Gr / Ly

6.e Ordre. PHLOMIDÉES.

Frondes filamenteuses ou cylindriques, rameuses, à cloisons transversales obscurément visibles, dont les endochromes ou intervalles colorés sont recouverts entièrement ou partiellement d'un tissu continu celluleux ou parenchymateux, épais ou léger.

- . . . . Bo / Ga / Hu / Sph / Da / Rh / Cha / Cuc *moides*, N.; et les expériences toutes récentes de M. Chauvin, de Caen, sur l'animalité du *Conferva zonata* d'Agardh et Lyngbye : mais les bornes déjà dépassées de cet article et l'espoir d'offrir avant peu un *genera* complet des *Némazoaires*, nous font un devoir de différer ces importantes citations. Toutefois, pour compléter ce résumé sous le point de vue Phytologique, nous offrons à nos lecteurs une concordance des genres, qui fournira aux amateurs d'Hydrophytologie les moyens de se reconnoître dans le dédale des noms nouveaux que la multiplicité des observations a contraint de créer. Nous terminons donc cet exposé par trois tableaux : le premier présentera synoptiquement et méthodiquement les genres de Thalassiophytes fixés ou adoptés par nous, et dont nous venons de faire l'exposition ou la description ; deux autres tableaux offrent, d'après la méthode de Lyngbye et d'Agardh, les genres de Thalassiophytes qu'ils ont créés ou admis, avec renvoi à ceux du premier tableau, que plusieurs années d'observations comparatives nous permettent d'offrir comme le résultat des travaux des principaux Algologues, et la base sur laquelle il seroit à désirer qu'on pût se fixer en attendant de nouvelles et profondes observations, et un travail de révision rationnel et complet.

www.ingramcontent.com/pod-product-compliance
Ingram Content Group UK Ltd.
Pitfield, Milton Keynes, MK11 3LW, UK
UKHW021007180726
13838UKWH00003B/1483